풍산자 라이트

확률과 통계

깔끔한 개념 정리와

2점, 쉬운 3점의 확인 문제로

빠르게 실력을 점검하는

〈풍산자 라이트〉입니다.

이 세상의 이치는 수학 지식 없이 알아낼 수가 없다

- 로저 베이컨 -

2주 단기 완성서

풍산자
라이트

교재 활용
로드맵

반드시 알아야 할 개념을
한눈에 들어오도록 요약한
**필수 개념
정리**

정리된 개념을 바로
정리해 볼 수 있는
**필수 개념
확인 문제**

다양한 접근 방법을
제시하고 사고력을 키우는
**체계적이고
정확한 풀이**

잘 나오는 유형,
잘 틀리는 유형을 제시한
**내신과 수능
빈출 문제**

개념을 완성하고
빠른 실력 점검에 최적화된
**실력 확인
문제**

중단원을 세분화한 구성	학습 점검에 최적화된 필수 개념과 확인 문제
엄선된 내신, 수능 문제로 실력 점검	실수하기 쉬운 문제와 빈출 문제 제시
단기 개념 특강	빠르게 개념을 확인하고 실력을 점검할 수 있는 구성

필수 개념 연계 문항들로 빠르게 끝내는 **단기 완성서**

풍산자 라이트

확률과 통계

쉽고 가벼운
단기 개념 완성서

. . . .

필수 개념 연계 문제와
기출 문제를 한번에 잡는
개념 완성 비법서

. . . .

기본 개념의
문제 적응력 up!!
실전 문제 해결력 up!!

1

필수 개념과 연계 문제 학습

- 확률과 통계를 학습하는 데 꼭 필요한 개념을 선별하고 문제 풀이에 도움이 되는 내용을 **참고** 로 제시

- **다시 보는 수학** 을 표시하여 선수 과목의 내용을 복습

- 필수 개념과 연계한 문제를 소개하고, 문제 풀이에 좀 더 쉽게 다가가기 위한 TIP 제공

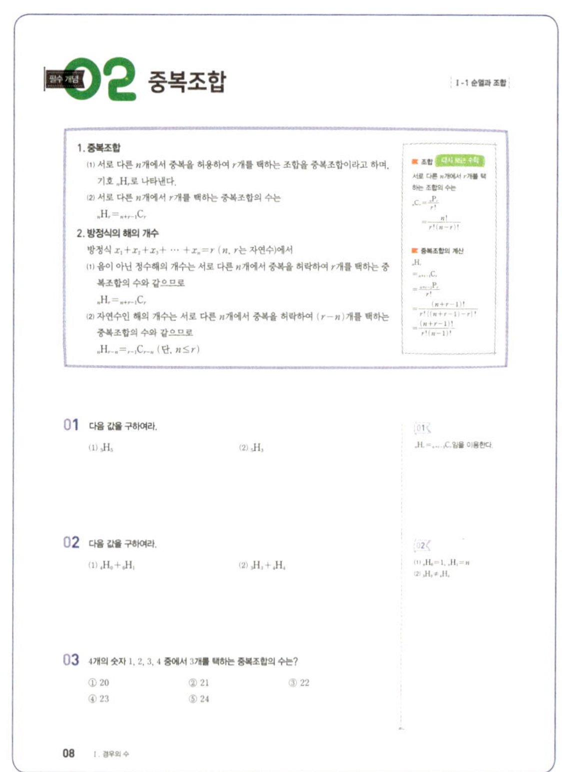

2

실력 확인 문제

- 잘 나오는 내신 유형 · 잘 틀리는 내신 유형 을 표시하여 내신을 대비할 수 있는 문제를 수록

- 잘 나오는 수능 유형 · 잘 틀리는 수능 유형 을 표시하여 학력평가, 평가원, 수능 기출 문제를 연습

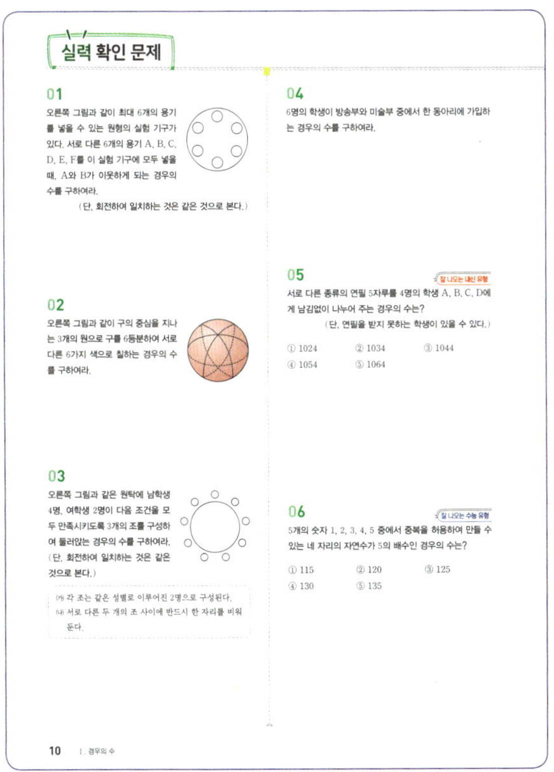

3

정답과 풀이

- 다른 풀이 , 참고 를 제시하여 다양한 방법으로 문제 풀이에 접근

- 풀이를 단계별로 나누어 체계적으로 과정을 사고

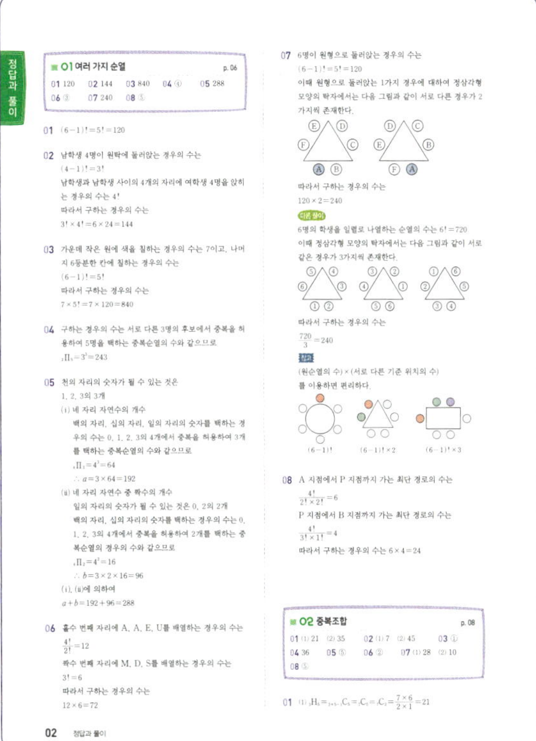

차례

Ⅰ 경우의 수

Ⅱ 확률

Ⅲ 통계

# 01 여러 가지 순열

1. 원순열

(1) 서로 다른 것을 원형으로 배열하는 순열을 원순열이라고 한다.

(2) 서로 다른 n개를 원형으로 배열하는 원순열의 수는

$$\frac{n!}{n}=(n-1)!$$

2. 중복순열

(1) 서로 다른 n개에서 중복을 허용하여 r개를 택하는 순열을 중복순열이라고 하며, 기호 $_n\Pi_r$로 나타낸다.

(2) 서로 다른 n개에서 r개를 택하는 중복순열의 수는

$$_n\Pi_r=\underbrace{n\times n\times\ \cdots\ \times n}_{r개}=n^r$$

3. 같은 것이 있는 순열

n개 중에서 서로 같은 것이 각각 p개, q개, $\cdots$, r개씩 있을 때, 이 n개를 일렬로 배열하는 순열의 수는

$$\frac{n!}{p!\times q!\times\ \cdots\ \times r!}\ (단,\ p+q+\cdots+r=n)$$

■ 서로 다른 n개에서 $r(n\geq r)$개를 택한 후 원형으로 배열하는 순열의 수는

$$\frac{_n\mathrm{P}_r}{r}$$

■ 순열과 함수의 개수

두 집합 $X,\ Y$에 대하여 $n(X)=r,\ n(Y)=n$일 때
① X에서 Y로의 함수의 개수: $_n\Pi_r$
② X에서 Y로의 일대일함수의 개수: $_n\mathrm{P}_r$

■ 서로 다른 n개 중에서 특정한 r개의 순서가 일정하게 정해졌을 때, n개를 배열하는 순열의 수는 $\dfrac{n!}{r!}$

---

01 서로 다른 6개의 접시를 원 모양의 식탁에 일정한 간격을 두고 원형으로 놓는 경우의 수를 구하여라. (단, 회전하여 일치하는 것은 같은 것으로 본다.)

> **01**
> 원순열의 수를 이용한다.

02 남학생 4명과 여학생 4명이 원탁에 둘러앉을 때, 남학생과 여학생이 교대로 앉는 경우의 수를 구하여라.

> **02**
> 남학생 또는 여학생을 먼저 원탁에 앉힌 다음 생각한다.

03 서로 다른 7가지 색을 모두 사용하여 오른쪽 그림과 같은 큰 원 내부의 7칸을 칠하는 경우의 수를 구하여라.

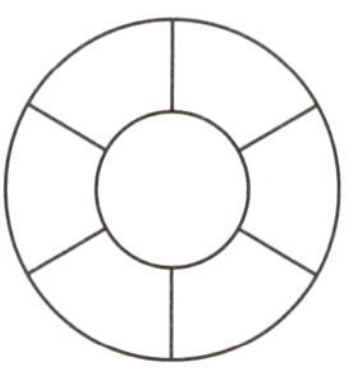

> **03**
> 먼저 가운데 원에 색을 칠한 후, 원순열을 이용하여 나머지 부분을 칠하면 된다.

04 5명의 선거인이 3명의 후보자에게 기명투표하는 경우의 수는? (단, 무효나 기권은 없다.)

① 21　　　　② 60　　　　③ 125

④ 243　　　　⑤ 280

05 4개의 숫자 0, 1, 2, 3에서 중복을 허용하여 만들 수 있는 네 자리 자연수의 개수를 a, 네 자리 자연수 중 짝수의 개수를 b라고 할 때, $a+b$의 값을 구하여라.

06 AMADEUS에 있는 7개의 문자를 일렬로 나열할 때, 홀수 번째 자리에 모음이 오게 나열하는 경우의 수는?

① 48　　　　② 64　　　　③ 72

④ 96　　　　⑤ 112

07 오른쪽 그림과 같은 정삼각형 모양의 탁자에 6명의 학생이 둘러앉는 경우의 수를 구하여라.

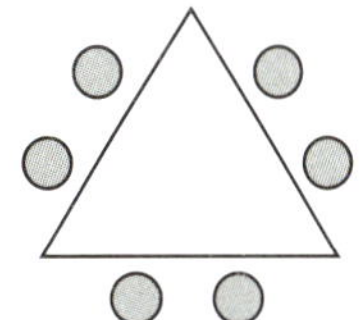

08 오른쪽 그림과 같이 직사각형 모양으로 연결된 도로망이 있다. 이 도로망을 따라 A 지점에서 출발하여 P 지점을 지나 B 지점까지 가는 최단 경로의 수는?

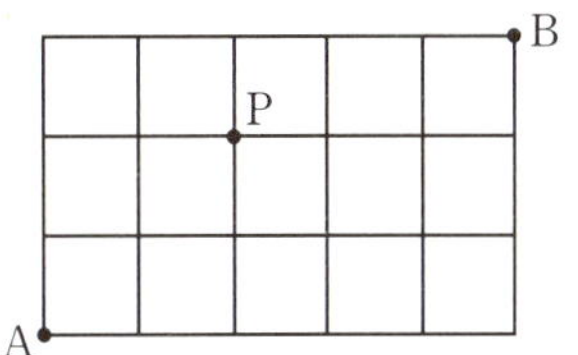

① 16　　　　② 18

③ 20　　　　④ 22

⑤ 24

필수 개념 02 중복조합

1. 중복조합

(1) 서로 다른 n개에서 중복을 허용하여 r개를 택하는 조합을 중복조합이라고 하며, 기호 $_n\mathrm{H}_r$로 나타낸다.

(2) 서로 다른 n개에서 r개를 택하는 중복조합의 수는

$$_n\mathrm{H}_r = {}_{n+r-1}\mathrm{C}_r$$

2. 방정식의 해의 개수

방정식 $x_1 + x_2 + x_3 + \cdots + x_n = r$ (n, r는 자연수)에서

(1) 음이 아닌 정수해의 개수는 서로 다른 n개에서 중복을 허락하여 r개를 택하는 중복조합의 수와 같으므로

$$_n\mathrm{H}_r = {}_{n+r-1}\mathrm{C}_r$$

(2) 자연수인 해의 개수는 서로 다른 n개에서 중복을 허락하여 $(r-n)$개를 택하는 중복조합의 수와 같으므로

$$_n\mathrm{H}_{r-n} = {}_{r-1}\mathrm{C}_{r-n} \ (단,\ n \le r)$$

■ 조합 다시 보는 수학

서로 다른 n개에서 r를 택하는 조합의 수는

$$_n\mathrm{C}_r = \frac{_n\mathrm{P}_r}{r!}$$
$$= \frac{n!}{r!(n-r)!}$$

■ 중복조합의 계산

$$_n\mathrm{H}_r$$
$$= {}_{n+r-1}\mathrm{C}_r$$
$$= \frac{_{n+r-1}\mathrm{P}_r}{r!}$$
$$= \frac{(n+r-1)!}{r!\{(n+r-1)-r\}!}$$
$$= \frac{(n+r-1)!}{r!(n-1)!}$$

---

01 다음 값을 구하여라.

(1) $_3\mathrm{H}_5$ (2) $_5\mathrm{H}_3$

> **01**
> $_n\mathrm{H}_r = {}_{n+r-1}\mathrm{C}_r$임을 이용한다.

02 다음 값을 구하여라.

(1) $_4\mathrm{H}_0 + {}_6\mathrm{H}_1$ (2) $_3\mathrm{H}_3 + {}_4\mathrm{H}_4$

> **02**
> (1) $_n\mathrm{H}_0 = 1$, $_n\mathrm{H}_1 = n$
> (2) $_3\mathrm{H}_3 \ne {}_4\mathrm{H}_4$

03 4개의 숫자 1, 2, 3, 4 중에서 3개를 택하는 중복조합의 수는?

① 20   ② 21   ③ 22

④ 23   ⑤ 24

04 야구공, 테니스공, 탁구공 중에서 7개의 공을 택하는 경우의 수를 구하여라.

(단, 야구공, 테니스공, 탁구공은 7개 이상씩 있다.)

05 $(a+b+c+d)^5$의 전개식에서 생기는 서로 다른 항의 개수는?

① 24　　　② 32　　　③ 40
④ 48　　　⑤ 56

06 같은 모양의 구슬 10개를 세 명의 학생에게 모두 나누어 주려고 한다. 각 학생이 적어도 2개 이상은 가지도록 나누어 주는 경우의 수는?

① 12　　　② 15　　　③ 18
④ 21　　　⑤ 24

07 방정식 $x+y+z=6$에 대하여 다음을 구하여라.

(1) x, y, z가 모두 음이 아닌 정수인 해의 개수
(2) x, y, z가 모두 자연수인 해의 개수

08 부등식 $3\leq a+b+c\leq5$를 만족시키는 음이 아닌 정수 a, b, c의 순서쌍 (a, b, c)의 개수는?

① 42　　　② 43　　　③ 44
④ 45　　　⑤ 46

01

오른쪽 그림과 같이 최대 6개의 용기를 넣을 수 있는 원형의 실험 기구가 있다. 서로 다른 6개의 용기 A, B, C, D, E, F를 이 실험 기구에 모두 넣을 때, A와 B가 이웃하게 되는 경우의 수를 구하여라.

(단, 회전하여 일치하는 것은 같은 것으로 본다.)

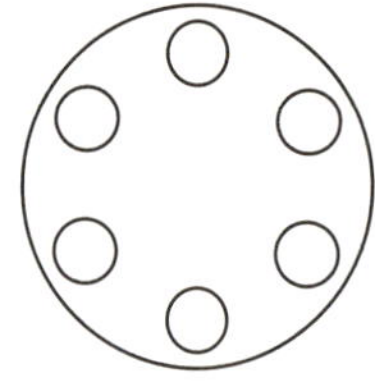

02

오른쪽 그림과 같이 구의 중심을 지나는 3개의 원으로 구를 6등분하여 서로 다른 6가지 색으로 칠하는 경우의 수를 구하여라.

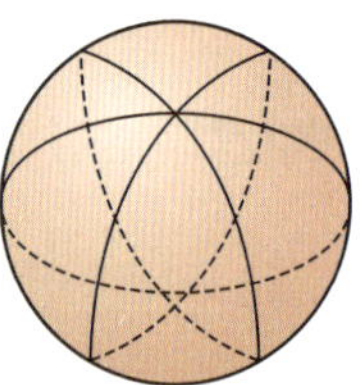

03

오른쪽 그림과 같은 원탁에 남학생 4명, 여학생 2명이 다음 조건을 모두 만족시키도록 3개의 조를 구성하여 둘러앉는 경우의 수를 구하여라.
(단, 회전하여 일치하는 것은 같은 것으로 본다.)

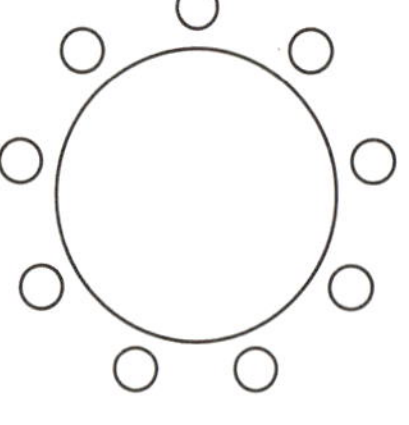

⑦ 각 조는 같은 성별로 이루어진 2명으로 구성된다.
④ 서로 다른 두 개의 조 사이에 반드시 한 자리를 비워 둔다.

04

6명의 학생이 방송부와 미술부 중에서 한 동아리에 가입하는 경우의 수를 구하여라.

05

서로 다른 종류의 연필 5자루를 4명의 학생 A, B, C, D에게 남김없이 나누어 주는 경우의 수는?

(단, 연필을 받지 못하는 학생이 있을 수 있다.)

① 1024
② 1034
③ 1044
④ 1054
⑤ 1064

06

5개의 숫자 1, 2, 3, 4, 5 중에서 중복을 허용하여 만들 수 있는 네 자리의 자연수가 5의 배수인 경우의 수는?

① 115
② 120
③ 125
④ 130
⑤ 135

정답과 풀이 p.03

07

1에서 999까지의 자연수 중에서 0을 한 개 포함하는 자연수의 개수를 a, 0을 두 개 포함하는 자연수의 개수를 b라고 할 때, $\dfrac{a}{b}$의 값을 구하여라.

08

두 집합 $X=\{2, 3, 4, 5\}$, $Y=\{3, 4, 5, 6, 7\}$에 대하여 집합 X에서 Y로의 함수의 개수를 a, 일대일함수의 개수를 b라고 할 때, $a-b$의 값을 구하여라.

09

오른쪽 그림과 같은 도로망이 있다. A 지점에서 B 지점까지 가는 최단 경로의 수를 구하여라.

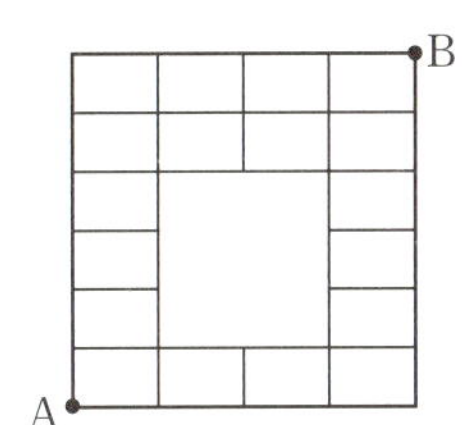

10

5개의 숫자 1, 2, 3, 4, 4를 모두 사용하여 일렬로 배열할 때, $1 \rightarrow 2 \rightarrow 3$의 순서대로 배열하는 경우의 수를 구하여라.

11

8단으로 된 계단을 한 걸음에 1단 또는 2단씩 올라갈 때, 이 8단의 계단을 오르는 경우의 수를 구하여라.

12

3통의 편지를 A, B 두 우체통에 넣는 경우의 수를 구하여라. (단, 편지는 구분하지 않는다.)

13

검정색 볼펜 5자루, 파란색 볼펜 5자루, 빨간색 볼펜 5자루
가 들어 있는 필통에서 볼펜 5자루를 꺼내는 경우의 수는?

(단, 색이 같은 볼펜은 구분하지 않는다.)

① 20　　　　② 21　　　　③ 22
④ 23　　　　⑤ 24

14

빨간색 공, 노란색 공, 파란색 공이 각각 5개씩 들어 있는
주머니에서 6개의 공을 꺼낼 때, 각 색깔의 공이 적어도 1
개씩은 포함되도록 꺼내는 경우의 수는?

(단, 색깔이 같은 공은 구분하지 않는다.)

① 8　　　　② 9　　　　③ 10
④ 11　　　　⑤ 12

15

같은 종류의 사탕 12개를 4명의 아이에게 모두 나누어 줄
때, 1개도 받지 못하는 아이가 없이 나누어 주는 경우의 수
는?

① 150　　　　② 155　　　　③ 160
④ 165　　　　⑤ 170

16

잘 나오는 수능 유형

같은 종류의 주스 4병, 같은 종류의 생수 2병, 우유 1병을
3명에게 남김없이 나누어 주는 경우의 수는?

(단, 1병도 받지 못하는 사람이 있을 수 있다.)

① 330　　　　② 315　　　　③ 300
④ 285　　　　⑤ 270

17

잘 나오는 수능 유형

사과, 감, 배, 귤 네 종류의 과일 중에서 8개를 선택하려고
한다. 사과는 1개 이하를 선택하고, 감, 배, 귤은 각각 1개
이상을 선택하는 경우의 수를 구하여라.

(단, 각 종류의 과일은 8개 이상씩 있다.)

18

세 정수 a, b, c에 대하여

$$1 \leq |a| \leq |b| \leq |c| \leq 5$$

를 만족시키는 모든 순서쌍 (a, b, c)의 개수는?

① 360　　　　② 320　　　　③ 280
④ 240　　　　⑤ 200

정답과 풀이 p.05

19

집합 $X=\{1, 2, 3, 4\}$에 대하여 함수 $f : X \longrightarrow X$가 다음 조건을 모두 만족시킬 때, 함수 f의 개수는?

> (가) $f(4)=4$
> (나) X의 임의의 두 원소 x_i, x_j에 대하여 $x_i < x_j$이면
> $f(x_i) \leq f(x_j)$

① 18 　　② 19 　　③ 20
④ 21 　　⑤ 22

20

잘 틀리는 수능 유형

같은 종류의 사탕 5개를 3명의 아이에게 1개 이상씩 나누어 주고, 같은 종류의 초콜릿 5개를 1개의 사탕을 받은 아이에게만 1개 이상씩 나누어 주려고 한다. 사탕과 초콜릿을 남김없이 나누어 주는 경우의 수는?

① 27 　　② 24 　　③ 21
④ 18 　　⑤ 15

21

방정식 $x+y+2z=6$을 만족시키는 음이 아닌 정수 x, y, z의 순서쌍 (x, y, z)의 개수는?

① 14 　　② 15 　　③ 16
④ 17 　　⑤ 18

22

잘 나오는 수능 유형

다음 조건을 만족시키는 음이 아닌 정수 a, b, c의 모든 순서쌍 (a, b, c)의 개수를 구하여라.

> (가) $a+b+c=7$
> (나) $2^a \times 4^b$은 8의 배수이다.

23

잘 나오는 수능 유형

각 자리의 수가 0이 아닌 네 자리의 자연수 중 각 자리의 수의 합이 7인 모든 자연수의 개수는?

① 11 　　② 14 　　③ 17
④ 20 　　⑤ 28

 03 이항정리

1. 이항정리

(1) n이 자연수일 때, 다항식 $(a+b)^n$을 전개하면 다음과 같다.
$$(a+b)^n={}_nC_0a^n+{}_nC_1a^{n-1}b+{}_nC_2a^{n-2}b^2+\cdots+{}_nC_ra^{n-r}b^r+\cdots+{}_nC_nb^n$$
이 전개식을 이항정리라 하고, ${}_nC_ra^{n-r}b^r$을 $(a+b)^n$의 전개식의 일반항이라고 한다.

(2) n이 자연수일 때, $(a+b)^n$의 전개식에서 각 항의 계수
${}_nC_0,\ {}_nC_1,\ {}_nC_2,\ \cdots,\ {}_nC_r,\ \cdots,\ {}_nC_n$을 이항계수라고 한다.

참고

(i) $(a+b)^3=(a+b)(a+b)(a+b)$를 전개하면 a^2b는 오른쪽과 같이 3번 나타난다.
이때 $aab,\ aba,\ baa$는 $a,\ a,\ b$를 일렬로 나열한 경우이므로
$$\frac{3!}{2!\times1!}=3$$

$$
\begin{array}{ccccc}
(a+b) & (a+b) & (a+b) & & \\
\downarrow & \downarrow & \downarrow & & \\
a \times & a \times & b & = a^2b & \\
a \times & b \times & a & = a^2b & \Big\} \ 3a^2b \\
b \times & a \times & a & = a^2b &
\end{array}
$$

(ii) 일반적으로 $(a+b)^n=\underbrace{(a+b)(a+b)\cdots(a+b)}_{n개}$를 전개하면

a^pb^q항 $(p+q=n)$은 a를 p개, b를 q개 나열한 경우와 같으므로 $\dfrac{n!}{p!\times q!}$번 나타난다.

즉, a^pb^q의 계수는 $\dfrac{n!}{p!\times q!}$이다.

따라서 $a^{n-r}b^r$의 계수는 $\dfrac{n!}{(n-r)!\times r!}={}_nC_r$이다.

> ■ $a\ne0,\ b\ne0$일 때, $a^0=1$, $b^0=1$로 정한다.
>
> ■ 자연수 n에 대하여 $(a+b+c)^n$의 전개식의 일반항은
> $$\frac{n!}{p!\times q!\times r!}a^pb^qc^r$$
> (단, $p+q+r=n,\ p\ge0,\ q\ge0,\ r\ge0$)

---

01 $(a+b)^{10}$의 전개식에서 a^7b^3의 계수를 구하여라.

> **01** $(a+b)^n$의 전개식에서 $a^{n-r}b^r$의 계수는 n개의 인수 $(a+b)$ 중에서 r개의 b를 택하는 조합의 수인 ${}_nC_r$와 같다.

02 $(x+ay)^7$의 전개식에서 x^4y^3의 계수가 -280일 때, 실수 a의 값은?

① 3   ② 2   ③ 1
④ -2 ⑤ -1

> **02** x를 4번, ay를 3번 곱한 경우이다. 이때 계수가 ${}_7C_3$인 것으로 착각하지 않도록 주의한다.

03 이항정리를 이용하여 $(2x-1)^4$을 전개하여라.

04 $\left(x+\dfrac{1}{3x}\right)^6$의 전개식에서 x^2의 계수는?

① $\dfrac{4}{3}$　　　　② $\dfrac{13}{9}$　　　　③ $\dfrac{14}{9}$

④ $\dfrac{5}{3}$　　　　⑤ $\dfrac{16}{9}$

05 $(x+2)^n$의 전개식에서 상수항이 16일 때, x의 계수는?

① 32　　　　② 36　　　　③ 40

④ 44　　　　⑤ 48

06 $\left(x+\dfrac{a}{x}\right)^7$의 전개식에서 x^3의 계수가 84일 때, 양수 a의 값을 구하여라.

07 $(a+b+c)^5$의 전개식에서 ab^2c^2의 계수를 구하여라.

 이항계수의 성질

1. 파스칼의 삼각형

$n=0, 1, 2, \cdots$일 때 $(a+b)^n$의 전개식에서

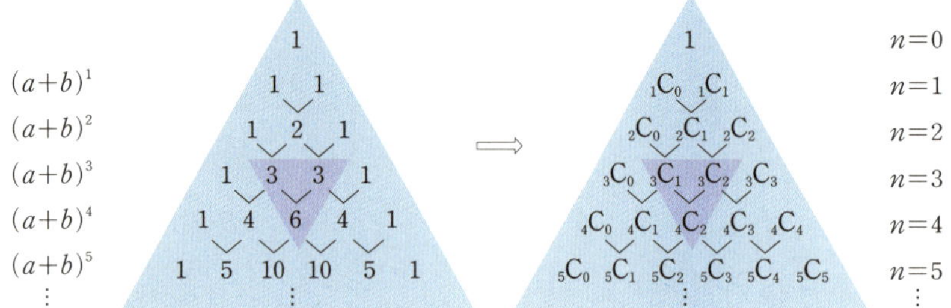

위와 같은 이항계수의 배열을 파스칼의 삼각형이라고 한다.

2. 이항계수의 성질

(1) ${}_n\mathrm{C}_0 + {}_n\mathrm{C}_1 + {}_n\mathrm{C}_2 + \cdots + {}_n\mathrm{C}_n = 2^n$

(2) ${}_n\mathrm{C}_0 - {}_n\mathrm{C}_1 + {}_n\mathrm{C}_2 - \cdots + (-1)^n {}_n\mathrm{C}_n = 0$

(3) n이 홀수일 때

$${}_n\mathrm{C}_0 + {}_n\mathrm{C}_2 + {}_n\mathrm{C}_4 + \cdots + {}_n\mathrm{C}_{n-1} = {}_n\mathrm{C}_1 + {}_n\mathrm{C}_3 + {}_n\mathrm{C}_5 + \cdots + {}_n\mathrm{C}_n = 2^{n-1}$$

(4) n이 짝수일 때

$${}_n\mathrm{C}_0 + {}_n\mathrm{C}_2 + {}_n\mathrm{C}_4 + \cdots + {}_n\mathrm{C}_n = {}_n\mathrm{C}_1 + {}_n\mathrm{C}_3 + {}_n\mathrm{C}_5 + \cdots + {}_n\mathrm{C}_{n-1} = 2^{n-1}$$

◀ 파스칼의 삼각형에서 다음을 알 수 있다.

(1) ${}_n\mathrm{C}_r = {}_{n-1}\mathrm{C}_{r-1} + {}_{n-1}\mathrm{C}_r$

(2) ${}_n\mathrm{C}_r = {}_n\mathrm{C}_{n-r}$

◀ n이 홀수일 때

$${}_n\mathrm{C}_1 + 2 \cdot {}_n\mathrm{C}_2 + 3 \cdot {}_n\mathrm{C}_3 + \cdots + n \cdot {}_n\mathrm{C}_r = n \times 2^{n-1}$$

◀ 이항계수의 성질 (3), (4)는

$$(1+x)^n = {}_n\mathrm{C}_0 + {}_n\mathrm{C}_1 x + {}_n\mathrm{C}_2 x^2 + \cdots + {}_n\mathrm{C}_n x^n$$

에서 $x=1$, $x=-1$을 대입한 두 식을 더하고 빼면 성립함을 알 수 있다.

---

01 다음을 계산하여라.

(1) ${}_6\mathrm{C}_0 + {}_6\mathrm{C}_1 + {}_6\mathrm{C}_2 + \cdots + {}_6\mathrm{C}_6$

(2) ${}_7\mathrm{C}_0 - {}_7\mathrm{C}_1 + {}_7\mathrm{C}_2 - \cdots + {}_7\mathrm{C}_6 - {}_7\mathrm{C}_7$

01

$(1+x)^n$의 전개식에 $x=1$, $x=-1$을 대입하면 이항계수에 대한 식으로 나타낼 수 있다.

02 ${}_n\mathrm{C}_4 = {}_{n-1}\mathrm{C}_4 + {}_{n-1}\mathrm{C}_5$를 만족시키는 n의 값을 구하여라.

02

파스칼의 삼각형에서 ${}_3\mathrm{C}_1 + {}_3\mathrm{C}_2 = {}_4\mathrm{C}_2$이다. 즉, ${}_{n-1}\mathrm{C}_{r-1} + {}_{n-1}\mathrm{C}_r = {}_n\mathrm{C}_r$ 가 성립한다.

03 다음 중 $_2C_0+{_3C_1}+{_4C_2}+{_5C_3}+\cdots+{_{10}C_8}$의 값과 같은 것은?

① $_{11}C_2$ ② $_{11}C_3$ ③ $_{11}C_4$
④ $_{11}C_6$ ⑤ $_{11}C_7$

03
자연수 n에 대하여
$_1C_0={_2C_0}=\cdots={_nC_0}$

04 다음 중 $_3C_3+{_4C_3}+{_5C_3}+{_6C_3}+\cdots+{_{10}C_3}$의 값과 같은 것은?

① $_{10}C_4$ ② $_{10}C_5$ ③ $_{11}C_3$
④ $_{11}C_4$ ⑤ $_{11}C_5$

04
자연수 n에 대하여
$_1C_1={_2C_2}=\cdots={_nC_n}$

05 $200<{_nC_1}+{_nC_2}+{_nC_3}+\cdots+{_nC_n}<2000$을 만족시키는 자연수 n의 개수는?

① 2 ② 3 ③ 4
④ 5 ⑤ 6

05
$_nC_0+{_nC_1}+{_nC_2}+\cdots+{_nC_n}$
$=2^n$

06 $_nC_0+{_nC_2}+{_nC_4}+\cdots+{_nC_n}=128$을 만족시키는 자연수 n의 값은?

① 6 ② 7 ③ 8
④ 9 ⑤ 10

06
2^n
$=2({_nC_0}+{_nC_2}+{_nC_4}+\cdots+{_nC_{n-1}})$
$=2({_nC_1}+{_nC_3}+{_nC_5}+\cdots+{_nC_n})$

07 $_nC_1+{_nC_2}+{_nC_3}+\cdots+{_nC_n}$의 값이 3의 배수가 되도록 하는 50 이하의 자연수 n의 개수를 구하여라.

07
$n=1,\ 2,\ 3,\ \cdots$을 각각 대입하여 알아본다.

01

$(1+x)^{10}$의 전개식에서 x^4의 계수를 구하여라.

02

$\left(x+\dfrac{2}{x}\right)^8$의 전개식에서 x^4의 계수는?

① 128 ② 124 ③ 120
④ 116 ⑤ 112

03

$(x+3)^n$의 전개식에서 상수항이 81일 때, x의 계수는?

① 108 ② 114 ③ 120
④ 126 ⑤ 132

04

$(1+i)^{16}$의 전개식을 이용하여

$$_{16}C_0 - {}_{16}C_2 + {}_{16}C_4 - {}_{16}C_6 + \cdots - {}_{16}C_{14} + {}_{16}C_{16}$$

의 값을 구하여라. (단, $i=\sqrt{-1}$)

05

$_{10}C_1 - {}_{10}C_2 + {}_{10}C_3 - \cdots + {}_{10}C_9$의 값은?

① -2 ② 2 ③ 2^9
④ 2^{10} ⑤ 2^{11}

06

$(x-2)^3(2x+1)^4$의 전개식에서 x의 계수는?

① -52 ② -28 ③ 24
④ 52 ⑤ 72

07

$$(1+x^2)+(1+x^2)^2+(1+x^2)^3+\cdots+(1+x^2)^{10}$$

의 전개식에서 x^4의 계수를 구하여라.

08

다음은 오른쪽 파스칼의
삼각형을 이용하여 수들
의 합을 구한 것이다.

$$1+5+15=21$$
$$1+3+6+10=20$$

$$
\begin{array}{c}
1\quad 1\\
1\quad 2\quad 1\\
1\quad 3\quad 3\quad 1\\
1\quad 4\quad 6\quad 4\quad 1\\
1\quad 5\quad 10\quad 10\quad 5\quad 1\\
1\quad 6\quad 15\quad 20\quad 15\quad 6\quad 1\\
1\quad 7\quad 21\quad 35\quad 35\quad 21\quad 7\quad 1\\
1\quad 8\quad 28\quad 56\quad 70\quad 56\quad 28\quad 8\quad 1\\
1\quad 9\quad 36\quad 84\quad 126\quad 126\quad 84\quad 36\quad 9\quad 1
\end{array}
$$

이와 같은 방법으로 $1+5+15+A+70=B$가 성립할 때,
$A+B$의 값을 구하여라.

09

$_{10}C_0+2\,_{10}C_1+2^2\,_{10}C_2+\cdots+2^{10}\,_{10}C_{10}$의 값은?

① 3^9 ② 3^9+1 ③ $3^{10}-1$

④ 3^{10} ⑤ $3^{10}+1$

10

다음은 x에 대한 다항식 $(x+a^2)^n$과
$(x^2-2a)(x+a)^n$의 전개식에서 x^{n-1}의 계수가 같게 되는
두 자연수 a와 $n(n\geq4)$의 값을 구하는 과정이다.

$(x+a^2)^n$의 전개식에서 x^{n-1}의 계수는 a^2n이다.
$(x^2-2a)(x+a)^n=x^2(x+a)^n-2a(x+a)^n$에서
$x^2(x+a)^n$을 전개하면 x^{n-1}의 계수는
$\boxed{\text{(가)}}\times a^3$이고, $2a(x+a)^n$을 전개하면 x^{n-1}의 계수
는 $2a^2n$이다.
따라서 $(x^2-2a)(x+a)^n$의 전개식에서 x^{n-1}의 계수는
$\boxed{\text{(가)}}\times a^3-2a^2n$이다.
그러므로 $a^2n=\boxed{\text{(가)}}\times a^3-2a^2n$이고, 이 식을 정리
하여 a를 n에 관한 식으로 나타내면
$$a=\dfrac{18}{\boxed{\text{(나)}}}$$
이다.
여기서 a는 자연수이고 n은 4 이상의 자연수이므로
$n=\boxed{\text{(다)}}$이다.

위의 (가), (나)에 알맞은 식을 각각 $f(n)$, $g(n)$이라 하고, (다)
에 알맞은 수를 k라고 할 때, $f(k)+g(k)$의 값은?

① 10   ② 16   ③ 22

④ 28   ⑤ 34

필수 개념 05 확률의 뜻

1. 확률

어떤 시행에서 사건 A가 일어날 가능성을 수로 나타낸 것을 사건 A의 확률이라고 하며, 기호 $\mathrm{P}(A)$로 나타낸다.

2. 수학적 확률

표본공간이 S인 어떤 시행에서 각 원소가 일어날 가능성이 모두 같은 정도로 기대될 때 사건 A가 일어날 확률은

$$\mathrm{P}(A)=\frac{n(A)}{n(S)}$$

3. 통계적 확률

같은 시행을 n번 반복하여 사건 A가 일어날 횟수를 r_n이라 하자. n이 한없이 커짐에 따라 상대도수 $\dfrac{r_n}{n}$이 일정한 값 p에 가까워질 때, 이 값 p를 사건 A의 통계적 확률이라고 한다.

▶ 시행: 같은 조건에서 반복할 수 있고, 그 결과가 우연에 의해 결정되는 실험이나 관찰
표본공간: 어떤 시행에서 일어날 수 있는 모든 결과의 집합
사건: 표본공간의 부분집합

▶ 확률의 기본 성질
표본공간이 S인 어떤 시행에서 임의의 사건 A에 대하여
① $0 \leq \mathrm{P}(A) \leq 1$
② $A=S$이면 $\mathrm{P}(A)=1$
③ $A=\varnothing$이면 $\mathrm{P}(A)=0$

---

01 아래 표는 1993년의 주요 자동차 생산국들의 자동차 생산량을 나타낸 것이다. 이들 중 한 대를 택하였을 때, 그것이 한국에서 생산되었을 확률을 구하여라.

(단위: 천 대)

국명	일본	미국	독일	프랑스	한국	합계
생산량	11,000	10,000	4,000	3,000	2,000	30,000

(출처: 한국 자동차 공업 협회)

01 통계적 확률을 구할 때, 시행 횟수 n이 충분히 크면 상대도수 $\dfrac{r_n}{n}$을 통계적 확률로 생각한다.

02 A, B를 포함한 5명을 일렬로 세울 때, A, B 두 사람이 이웃하여 서게 될 확률을 구하여라.

02 사건 A가 일어날 확률은
$$\mathrm{P}(A)=\frac{(\text{사건 } A\text{가 일어날 경우의 수})}{(\text{일어날 수 있는 모든 경우의 수})}$$

03 10개의 과일 중 3개는 귤이고, 나머지는 사과이다. 이 중에서 2개의 과일을 고를 때, 모두 사과일 확률을 구하여라.

04 1부터 7까지의 자연수가 각각 하나씩 적혀 있는 7개의 공이 들어있는 상자에서 임의로 1개의 공을 꺼내는 시행을 반복할 때, 짝수가 적혀 있는 공을 모두 꺼내면 시행을 멈춘다. 5번째까지 시행을 한 후, 시행을 멈출 확률은? (단, 꺼낸 공은 다시 넣지 않는다.)

① $\dfrac{6}{35}$ ② $\dfrac{1}{5}$ ③ $\dfrac{8}{35}$

④ $\dfrac{9}{35}$ ⑤ $\dfrac{2}{7}$

05 한 변의 길이가 2인 정사각형의 내부에 임의로 한 점 P를 잡을 때, $\overline{OP} \geq 1$일 확률은?

(단, O는 정사각형의 두 대각선의 교점이다.)

① $\dfrac{8-\pi}{8}$ ② $\dfrac{4-\pi}{4}$ ③ $\dfrac{3-\pi}{3}$

④ $\dfrac{2-\pi}{2}$ ⑤ $4-\pi$

06 흰 공과 검은 공을 합하여 6개의 공이 들어 있는 주머니에서 2개의 공을 꺼낼 때, 2개 모두 흰 공이 나올 확률이 $\dfrac{2}{5}$이다. 흰 공의 개수를 구하여라.

07 주머니 속에 빨간 공, 흰 공이 모두 15개 들어 있다. 이 주머니에서 임의로 2개의 공을 꺼내어 보고 다시 넣는 시행을 여러 번 되풀이 시행하였더니 5번에 1번 꼴로 2개가 모두 빨간 공이었다고 한다. 이 주머니 속에는 몇 개의 빨간 공이 들어 있다고 할 수 있는지 구하여라.

06 확률의 활용

1. 확률의 덧셈정리

표본공간이 S인 두 사건 A, B에 대하여

$$P(A \cup B) = P(A) + P(B) - P(A \cap B)$$

특히, 두 사건 A, B가 서로 배반사건이면 $P(A \cap B) = 0$이므로

$$P(A \cup B) = P(A) + P(B)$$

2. 여사건의 확률

사건 A의 여사건 A^C에 대하여

$$P(A^C) = 1 - P(A),\ P(A) = 1 - P(A^C)$$

> ■ 배반사건: 두 사건 A, B에 대하여 A와 B가 동시에 일어나지 않을 때 즉, $A \cap B = \varnothing$일 때 A와 B는 서로 배반이라 하고 두 사건을 배반사건이라고 한다.
>
> ■ 여사건: 사건 A가 일어나지 않는 사건을 A의 여사건이라 하고 기호로 A^C과 같이 나타낸다.

01 두 사건 A, B에 대하여 $P(A) + P(B) = \dfrac{7}{9}$, $P(A \cap B) = \dfrac{2}{9}$일 때, $P(A \cup B)$의 값은?

① $\dfrac{1}{3}$ 　　② $\dfrac{7}{18}$ 　　③ $\dfrac{4}{9}$

④ $\dfrac{1}{2}$ 　　⑤ $\dfrac{5}{9}$

> **01**
> $P(A \cup B)$
> $= P(A) + P(B) - P(A \cap B)$

02 두 사건 A, B에 대하여 $P(A) = \dfrac{1}{2}$, $P(B) = \dfrac{1}{3}$, $P(A \cup B) = \dfrac{2}{3}$일 때, $P(A \cap B)$의 값을 구하여라.

> **02**
> $P(A \cap B)$
> $= P(A) + P(B) - P(A \cup B)$
> 를 이용한다.

03 두 사건 A, B가 일어날 확률이 각각 0.7, 0.5이고 A 또는 B가 일어날 확률이 0.9일 때, 두 사건 A, B가 모두 일어날 확률을 구하여라.

> **03**
> 두 사건 A, B가 모두 일어날 확률은 $P(A \cap B)$이다.

04 경희네 동아리에는 남학생 6명, 여학생 4명이 있다. 동아리방 청소 당번 2명을 뽑을 때, 2명 모두 남학생이거나 2명 모두 여학생일 확률을 구하여라.

05 크기와 모양이 같은 흰 공이 3개, 빨간 공이 5개 들어 있는 주머니가 있다. 이 주머니에서 2개의 공을 꺼낼 때, 2개 모두 같은 색의 공일 확률을 구하여라.

06 두 사건 A, B에 대하여 A^c과 B는 서로 배반사건이고 $\mathrm{P}(A)=2\mathrm{P}(B)=\dfrac{3}{5}$일 때, $\mathrm{P}(A \cap B^c)$의 값은? (단, A^c은 A의 여사건이다.)

① $\dfrac{7}{20}$　　　　② $\dfrac{3}{10}$　　　　③ $\dfrac{1}{4}$

④ $\dfrac{1}{5}$　　　　⑤ $\dfrac{3}{20}$

07 1발의 탄환이 표적에 명중할 확률은 $\dfrac{3}{4}$이다. 5발의 탄환을 발사하였을 때, 적어도 1발이 명중할 확률을 구하여라.

08 방정식 $x+y+z=10$을 만족시키는 음이 아닌 정수인 해 x, y, z의 순서쌍 (x, y, z) 중에서 임의로 한 개를 택할 때, 이 순서쌍 (x, y, z)가 $(x-y)(y-z)(z-x) \neq 0$을 만족시킬 확률은 $\dfrac{q}{p}$이다. $p+q$의 값을 구하여라. (단, p와 q는 서로소인 자연수이다.)

01

5명의 학생 A, B, C, D, E를 일렬로 세울 때, A, B가 양 끝에 서 있을 확률은?

① $\dfrac{1}{12}$　　　② $\dfrac{1}{10}$　　　③ $\dfrac{1}{8}$

④ $\dfrac{1}{6}$　　　⑤ $\dfrac{1}{4}$

02

오른쪽 그림과 같이 한 변의 길이가 1인 정사각형 ABCD의 내부에 점 P를 잡을 때, 삼각형 PBC가 예각삼각형일 확률은?

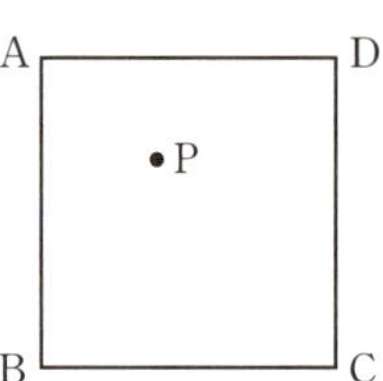

① $\dfrac{1}{2}$　　　② $\dfrac{1}{4}$　　　③ $\dfrac{1}{2}-\dfrac{\pi}{4}$

④ $1-\dfrac{\pi}{8}$　　　⑤ $2-\dfrac{\pi}{4}$

03

흰 공 2개, 빨간 공 4개가 들어 있는 주머니가 있다. 이 주머니에서 임의로 2개의 공을 동시에 꺼낼 때, 꺼낸 2개의 공이 모두 흰 공일 확률이 $\dfrac{q}{p}$이다. $p+q$의 값을 구하여라.

(단, p와 q는 서로소인 자연수이다.)

04

주머니 속에 흰 공과 검은 공이 모두 10개 들어 있다. 이 주머니 속에서 2개의 공을 꺼내어 보고 다시 넣는 시행을 여러 번 반복했더니 3번에 1번 꼴로 2개가 모두 흰 공이었다고 한다. 이 주머니 속에는 몇 개의 흰 공이 들어 있다고 할 수 있는지 구하여라.

05

한 개의 주사위를 두 번 던질 때 나오는 눈의 수를 차례로 a, b라고 하자. 이차함수 $f(x)=x^2-7x+10$에 대하여 $f(a)f(b)<0$이 성립할 확률은?

① $\dfrac{1}{18}$　　　② $\dfrac{1}{9}$　　　③ $\dfrac{1}{6}$

④ $\dfrac{2}{9}$　　　⑤ $\dfrac{5}{18}$

06

두 사건 A와 B는 서로 배반사건이고,
$$P(A\cup B)=4P(B)=1$$
일 때, $P(A)$의 값은?

① $\dfrac{1}{4}$　　　② $\dfrac{3}{8}$　　　③ $\dfrac{1}{2}$

④ $\dfrac{5}{8}$　　　⑤ $\dfrac{3}{4}$

정답과 풀이 p.10

07

두 사건 A와 B는 서로 배반사건이고

$$\mathrm{P}(A)=\frac{1}{6},\ \mathrm{P}(A\cup B)=\frac{1}{2}$$

일 때, $\mathrm{P}(B)$의 값을 구하여라.

08

잘 틀리는 수능 유형

두 주머니 A와 B에 숫자 1, 2, 3, 4가 하나씩 적혀 있는 4장의 카드가 각각 들어 있다. 갑은 주머니 A에서, 을은 주머니 B에서 각자 임의로 두 장의 카드를 꺼내어 가진다. 갑이 가진 두 장의 카드에 적힌 수의 합과 을이 가진 두 장의 카드에 적힌 수의 합이 같을 확률은 $\dfrac{q}{p}$이다. $p+q$의 값을 구하여라. (단, p, q는 서로소인 자연수이다.)

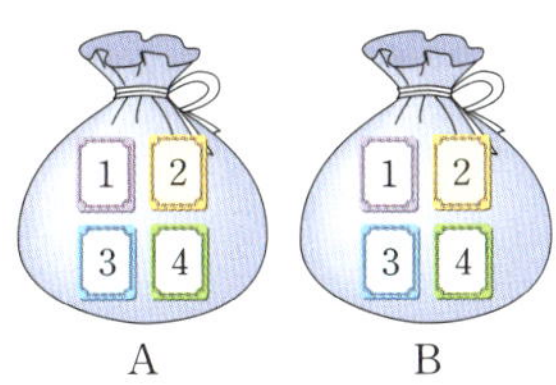

09

A, A, A, B, B, C의 문자가 하나씩 적혀 있는 6장의 카드가 있다. 이 카드를 모두 한 번씩 사용하여 일렬로 임의로 나열할 때, 양 끝 모두 A가 적힌 카드가 나열될 확률은?

① $\dfrac{3}{20}$ ② $\dfrac{1}{5}$ ③ $\dfrac{1}{4}$

④ $\dfrac{3}{10}$ ⑤ $\dfrac{7}{20}$

10

두 사건 A, B에 대하여

$$\mathrm{P}(A\cap B^{c})=\mathrm{P}(A^{c}\cap B)=\frac{1}{6},\ \mathrm{P}(A\cup B)=\frac{2}{3}$$

일 때, $\mathrm{P}(A\cap B)$의 값은? (단, A^{c}은 A의 여사건이다.)

① $\dfrac{1}{12}$ ② $\dfrac{1}{6}$ ③ $\dfrac{1}{4}$

④ $\dfrac{1}{3}$ ⑤ $\dfrac{5}{12}$

11

잘 나오는 수능 유형

주머니에는 흰 공 3개, 검은 공 4개가 들어 있다. 이 주머니에서 임의로 2개의 공을 동시에 꺼낼 때, 흰 공을 적어도 1개 이상 꺼낼 확률은?

① $\dfrac{11}{21}$ ② $\dfrac{4}{7}$ ③ $\dfrac{13}{21}$

④ $\dfrac{2}{3}$ ⑤ $\dfrac{5}{7}$

12

그림과 같이 1, 2, 3, 4의 숫자가 하나씩 적혀 있는 카드가 각각 3장씩 12장이 있다. 이 12장의 카드 중에서 임의로 3장의 카드를 선택할 때, 선택한 카드 중에 같은 숫자가 적혀 있는 카드가 2장 이상일 확률은?

① $\dfrac{12}{55}$ ② $\dfrac{16}{55}$ ③ $\dfrac{4}{11}$

④ $\dfrac{24}{55}$ ⑤ $\dfrac{28}{55}$

필수 개념 **07** 조건부확률

---

1. 조건부확률

(1) 두 사건 A, B에 대하여 확률이 0이 아닌 사건 A가 일어났다고 가정할 때, 사건 B가 일어날 확률을 사건 A가 일어났을 때 사건 B의 조건부확률이라 하고, 기호 $P(B|A)$로 나타낸다.

(2) 사건 A가 일어났을 때, 사건 B의 조건부확률은

$$P(B|A)=\frac{P(A\cap B)}{P(A)} \ (단, \ P(A)\neq 0)$$

2. 확률의 곱셈정리

확률이 0이 아닌 두 사건 A, B에 대하여

$$P(A\cap B)=P(A)P(B|A)=P(B)P(A|B)$$

> ◼ $P(A\cap B)$는 표본공간 S에서 사건 $A\cap B$가 일어날 확률이고, $P(B|A)$는 A를 새로운 표본공간으로 생각할 때 사건 $A\cap B$가 일어날 확률이다.
>
> ◼ $P(B|A)=\dfrac{P(A\cap B)}{P(A)}$,
> $P(A|B)=\dfrac{P(A\cap B)}{P(B)}$
> 로부터
> $P(A\cap B)$
> $=P(B|A)P(A)$
> $=P(A|B)P(B)$

---

01 두 사건 A, B에 대하여 $P(A)=\dfrac{2}{5}$, $P(B|A)=\dfrac{5}{6}$일 때, $P(A\cap B)$의 값은?

① $\dfrac{1}{3}$ ② $\dfrac{4}{15}$ ③ $\dfrac{1}{5}$

④ $\dfrac{2}{15}$ ⑤ $\dfrac{1}{15}$

> **01**
> $P(B|A)=\dfrac{P(A\cap B)}{P(A)}$

02 두 사건 A, B에 대하여 $P(A\cap B)=\dfrac{1}{3}$, $P(A^c\cap B)=\dfrac{1}{4}$일 때, $P(A|B)$의 값은?

(단, A^c은 A의 여사건이다.)

① $\dfrac{1}{7}$ ② $\dfrac{2}{7}$ ③ $\dfrac{3}{7}$

④ $\dfrac{4}{7}$ ⑤ $\dfrac{5}{7}$

> **02**
> $P(B)$
> $=P(A\cap B)+P(A^c\cap B)$

03 어느 수험생이 1차 시험에 합격할 확률이 $\dfrac{1}{5}$이고, 1차와 2차 시험에 모두 합격할 확률이 $\dfrac{1}{20}$이다. 이 수험생이 1차 시험에 합격했을 때, 2차 시험에 합격할 확률을 구하여라.

> **03**
> 1차 시험에 합격하는 사건을 A, 2차 시험에 합격하는 사건을 B라고 하면 구하는 확률은 $P(B|A)$이다.

04 한 개의 주사위를 두 번 던진다. 6의 눈이 한 번도 나오지 않을 때, 나온 두 눈의 수의 합이 4의 배수일 확률은?

① $\dfrac{4}{25}$　　　② $\dfrac{1}{5}$　　　③ $\dfrac{6}{25}$

④ $\dfrac{7}{25}$　　　⑤ $\dfrac{8}{25}$

04
한 개의 주사위를 두 번 던질 때 6의 눈이 한 번도 나오지 않는 사건을 A, 나온 두 눈의 수의 합이 4의 배수인 사건을 B라고 하면 구하는 확률은 $\mathrm{P}(B\,|\,A)$이다.

05 주머니 속에 흰 공 4개와 검은 공 5개가 들어 있다. 여기서 하나씩 2개의 공을 꺼낼 때, 2개 모두 흰 공이 나올 확률을 구하여라. (단, 꺼낸 공은 다시 넣지 않는다.)

05
첫 번째에 흰 공이 나오는 사건을 A, 두 번째에 흰 공이 나오는 사건을 B라 하고 사건 $A \cap B$의 확률을 구한다.

06 어느 고등학교 전체 학생 500명을 대상으로 지역 A와 지역 B에 대한 국토 문화 탐방 희망 여부를 조사한 결과는 다음과 같다.

(단위: 명)

지역 A＼지역 B	희망함	희망하지 않음	합계
희망함	140	310	450
희망하지 않음	40	10	50
합계	180	320	500

이 고등학교 학생 중에서 임의로 선택한 1명이 지역 A를 희망한 학생일 때, 이 학생이 지역 B도 희망한 학생일 확률을 구하여라.

06
이 고등학교 학생 중에서 임의로 선택한 1명이 지역 A를 희망한 학생인 사건을 A, 지역 B를 희망한 학생인 사건을 B라고 할 때, $\mathrm{P}(B\,|\,A)$를 구한다.

07 평균 다섯 번에 한 번 꼴로 방문한 곳에 휴대 전화를 놓고 오는 버릇이 있는 학생이 어느 날 학교, 도서관, 서점을 차례로 들러 집에 돌아 왔다. 휴대 전화를 방문한 곳에 놓고 왔을 때, 서점에 놓고 왔을 확률은 $\dfrac{q}{p}$이다. 이때 $p-q$의 값을 구하여라.

(단, p와 q는 서로소인 자연수이다.)

07
학교에 휴대 전화를 놓고 왔을 확률은 $\dfrac{1}{5}$, 도서관에 휴대 전화를 놓고 왔을 확률은 $\dfrac{4}{5} \times \dfrac{1}{5}$이다.

필수 개념 08 사건의 독립과 종속

1. 사건의 독립과 종속

(1) 사건 A가 일어났을 때 사건 B의 조건부확률이 사건 B가 일어날 확률과 같을 때, 즉
$$P(B|A)=P(B)$$
일 때, 사건 A와 사건 B는 서로 독립이라고 한다.

(2) 두 사건 A, B가 서로 독립이 아닐 때, 사건 A와 사건 B는 서로 종속이라고 한다.

(3) 두 사건 A, B가 서로 독립이기 위한 필요충분조건은
$$P(A\cap B)=P(A)P(B) \ (단, P(A)\neq 0, P(B)\neq 0)$$

2. 독립시행의 확률

(1) 동일한 시행을 여러 번 반복할 때, 각 시행에서 일어나는 사건이 서로 독립일 경우에 이 시행을 독립시행이라고 한다.

(2) 어떤 시행에서 사건 A가 일어날 확률이 p일 때, 이 시행을 n회 반복하는 독립시행에서 사건 A가 r번 일어날 확률은

(i) $1\leq r\leq n-1$일 때 $_nC_r p^r(1-p)^{n-r}$ (단, $r=1, 2, \cdots, n-1$)

(ii) $r=0$일 때 $(1-p)^n$

(iii) $r=n$일 때 p^n

■ 두 사건 A와 B가 독립일 때 A^c과 B, A와 B^c, A^c과 B^c도 모두 독립이다.

■ 두 사건 A와 B가 서로 종속이면
$$P(A\cap B)\neq P(A)P(B)$$

■ 독립시행의 확률은 각 시행에서 일어나는 사건의 확률을 곱하여 계산한다.

---

01 두 사건 A, B가 서로 독립이고 $P(A)=\dfrac{2}{3}$, $P(A\cap B)=\dfrac{1}{9}$일 때, $P(B)$의 값은?

① $\dfrac{1}{6}$ ② $\dfrac{1}{3}$ ③ $\dfrac{1}{2}$

④ $\dfrac{2}{3}$ ⑤ $\dfrac{5}{6}$

> **01**
> 두 사건 A, B가 서로 독립이면
> $$P(A)P(B)=P(A\cap B)$$

02 두 사건 A와 B는 서로 독립이고 $P(B^c)=\dfrac{1}{3}$, $P(A|B)=\dfrac{1}{2}$일 때, $P(A)P(B)$의 값은? (단, B^c은 B의 여사건이다.)

① $\dfrac{5}{6}$ ② $\dfrac{2}{3}$ ③ $\dfrac{1}{2}$

④ $\dfrac{1}{3}$ ⑤ $\dfrac{1}{6}$

> **02**
> $$P(A|B)=\dfrac{P(A\cap B)}{P(B)}$$

03 3명의 남학생과 4명의 여학생으로 구성된 모임에서 회장과 총무를 차례로 선출하기로 하였다. 회장에 여학생이 선출되는 사건을 A, 총무에 남학생이 선출되는 사건을 B라고 할 때, 두 사건 A와 B는 서로 독립인지 종속인지 말하여라.

04 주머니 속에 흰 공 2개, 검은 공 3개가 들어 있다. 갑부터 시작하여 갑과 을이 교대로 하나씩 공을 꺼내는 일을 계속 할 때, 먼저 흰 공을 꺼내는 쪽이 이기는 것으로 한다. 꺼낸 공을 다시 넣지 않을 때, 갑이 이길 확률은?

① $\dfrac{2}{5}$ ② $\dfrac{1}{2}$ ③ $\dfrac{3}{5}$

④ $\dfrac{7}{10}$ ⑤ $\dfrac{4}{5}$

05 한 개의 주사위를 3번 던질 때, 4의 눈이 한 번만 나올 확률은?

① $\dfrac{25}{72}$ ② $\dfrac{13}{36}$ ③ $\dfrac{3}{8}$

④ $\dfrac{7}{18}$ ⑤ $\dfrac{29}{72}$

06 지하 1층에서 6명이 엘리베이터를 탔다. 1층에서 4층까지 각 사람이 어느 층에 내리는가는 같은 정도로 기대된다. 이때 3층에서 3명이 내릴 확률을 구하여라.

(단, 엘리베이터를 타는 사람은 없다.)

07 4개의 주사위를 동시에 던질 때, 이 중에서 3의 배수가 2개 이상 나올 확률을 $\dfrac{q}{p}$라고 할 때, $p+q$의 값을 구하여라. (단, p, q는 서로소이다.)

01

두 사건 A, B에 대하여

$$P(A)=\frac{13}{16}, \quad P(A \cap B^c)=\frac{1}{4}$$

일 때, $P(B|A)$의 값은? (단, A^c은 A의 여사건이다.)

① $\dfrac{5}{13}$ ② $\dfrac{6}{13}$ ③ $\dfrac{7}{13}$

④ $\dfrac{8}{13}$ ⑤ $\dfrac{9}{13}$

02

두 사건 A, B가 다음 조건을 만족시킬 때, $P(B)$의 값을 구하여라.

> (가) $P(A \cup B)=0.6$
> (나) $P(A)\{1-P(B|A)\}=0.2$

03

15개의 제비 중에 3개의 당첨 제비가 들어 있다. 처음에 갑이 한 개를 뽑고, 다음에 을이 한 개를 뽑을 때, 갑, 을 모두 당첨 제비를 뽑을 확률을 구하여라.

04

14개의 공에 각각 검은 색과 흰 색 중 한가지 색이 칠해져 있고, 자연수가 하나씩 적혀 있다. 각각의 공에 칠해져 있는 색과 적혀 있는 수에 따라 분류한 공의 개수는 다음과 같다.

(단위: 개)

구분	검은색	흰색	합계
홀수	5	3	8
짝수	4	2	6
합계	9	5	14

14개의 공 중에서 임의로 선택한 한 개의 공이 검은 색일 때, 이 공에 적혀 있는 수가 짝수일 확률은?

① $\dfrac{2}{9}$ ② $\dfrac{5}{18}$ ③ $\dfrac{1}{3}$

④ $\dfrac{7}{18}$ ⑤ $\dfrac{4}{9}$

05

어느 학교의 전체 학생은 360명이고, 각 학생은 체험 학습 A, 체험 학습 B 중 하나를 선택하였다. 이 학교의 학생 중 체험 학습 A를 선택한 학생은 남학생 90명과 여학생 70명이다. 이 학교의 학생 중 임의로 뽑은 1명의 학생이 체험 학습 B를 선택한 학생일 때, 이 학생이 남학생일 확률은 $\dfrac{2}{5}$이다. 이 학교의 여학생의 수는?

① 180 ② 185 ③ 190

④ 195 ⑤ 200

06

흰 공 3개, 검은 공 4개가 들어 있는 주머니가 있다. 이 주머니에서 임의로 3개의 공을 동시에 꺼내어, 꺼낸 흰 공과 검은 공의 개수를 각각 m, n이라고 하자. 이 시행에서 $2m \geq n$일 때, 꺼낸 흰 공의 개수가 2일 확률은 $\dfrac{q}{p}$이다. $p+q$의 값을 구하여라. (단, p와 q는 서로소인 자연수이다.)

07

어느 고등학교의 전체 학생을 대상으로 생활복 도입에 대한 찬반투표를 한 결과 전체 학생의 80 %가 찬성하였고, 20 %는 반대하였다. 이 고등학교의 전체 학생의 40 %가 여학생이었고, 생활복 도입에 찬성한 학생의 70 %가 남학생이었다. 이 고등학교의 전체 학생 중 임의로 선택한 한 학생이 여학생일 때, 이 학생이 생활복 도입에 찬성하였을 확률은?

① $\dfrac{1}{5}$ ② $\dfrac{3}{10}$ ③ $\dfrac{2}{5}$

④ $\dfrac{1}{2}$ ⑤ $\dfrac{3}{5}$

08

어느 지방의 날씨의 변화는 다음 표와 같다고 한다. 어느 날 이 지방의 날씨가 맑았을 때, 다음날부터 연속해서 3일간 모두 같은 날씨가 될 확률을 구하여라.

오늘＼내일	맑음	흐림	비	눈
맑음	0.6	0.3	0	0.1
흐림	0.3	0.2	0.4	0.1
비	0.4	0.3	0.2	0.1
눈	0.5	0.3	0	0.2

09

상자에는 딸기 맛 사탕 6개와 포도 맛 사탕 9개가 들어 있다. 두 사람 A와 B가 이 순서대로 상자에서 임의로 1개의 사탕을 각각 1번 꺼낼 때, A가 꺼낸 사탕이 딸기 맛 사탕이고, B가 꺼낸 사탕이 포도 맛 사탕일 확률을 p라고 하자. $70p$의 값을 구하여라.

(단, 꺼낸 사탕은 상자에 다시 넣지 않는다.)

10

100명의 조사 대상자 중 흡연자와 폐암환자의 수는 다음 표와 같았다.

	폐암환자(L)	건강(L^c)
흡연자(S)	42	28
비흡연자(S^c)	18	12

서로 독립인 사건끼리 짝지은 것만을 |보기|에서 있는 대로 고른 것은?

|보기|
ㄱ. S와 L ㄴ. S와 L^c ㄷ. S^c와 L^c

① ㄷ   ② ㄱ, ㄴ   ③ ㄱ, ㄷ
④ ㄴ, ㄷ   ⑤ ㄱ, ㄴ, ㄷ

11

어느 학교의 전체 학생 320명을 대상으로 수학동아리 가입 여부를 조사한 결과 남학생의 60 %와 여학생의 50 %가 수학 동아리에 가입하였다고 한다. 이 학교의 수학동아리에 가입한 학생 중 임의로 1명을 선택할 때 이 학생이 남학생일 확률을 p_1, 이 학교의 수학동아리에 가입한 학생 중 임의로 1명을 선택할 때 이 학생이 여학생일 확률을 p_2라고 하자. $p_1 = 2p_2$일 때, 이 학교의 남학생의 수는?

① 170　　　② 180　　　③ 190

④ 200　　　⑤ 210

12

두 사건 A, B가 서로 독립이고

$$\mathrm{P}(A) = \frac{2}{3},\ \mathrm{P}(A \cup B) = \frac{5}{6}$$

일 때, $\mathrm{P}(B)$의 값은?

① $\dfrac{1}{3}$　　　② $\dfrac{5}{12}$　　　③ $\dfrac{1}{2}$

④ $\dfrac{7}{12}$　　　⑤ $\dfrac{2}{3}$

13

확률이 0이 아닌 두 사건 A, B가 서로 독립이고 $\mathrm{P}(A|B) = \dfrac{1}{3}$일 때, $\mathrm{P}(A^c)$의 값은?

(단, A^c은 A의 여사건이다.)

① $\dfrac{2}{3}$　　　② $\dfrac{7}{12}$　　　③ $\dfrac{1}{2}$

④ $\dfrac{5}{12}$　　　⑤ $\dfrac{1}{3}$

14

10개의 제품 중에 3개의 불량품이 들어 있다. 이 상자에서 1개씩 두 번 계속하여 꺼낼 때, 모두 불량품이 나올 확률은? (단, 꺼낸 제품은 다시 넣지 않는다.)

① $\dfrac{2}{9}$　　　② $\dfrac{3}{10}$　　　③ $\dfrac{1}{12}$

④ $\dfrac{1}{15}$　　　⑤ $\dfrac{2}{15}$

15

1회의 시행에서 사건 A가 일어날 확률은 $\dfrac{1}{2}$이라고 한다. 100회의 독립시행에서 사건 A가 r회 일어날 확률을 $\mathrm{P}(r)$라고 할 때, $\dfrac{\mathrm{P}(50)}{\mathrm{P}(51)}$의 값을 구하여라.

16

두 사건 A, B가 서로 독립이고

$$P(A)=\frac{1}{6}, \ P(A \cap B^c)+P(A^c \cap B)=\frac{1}{3}$$

일 때, $P(B)$의 값을 구하여라.

(단, A^c은 A의 여사건이다.)

17

잘 나오는 수능 유형

한 개의 동전을 5번 던질 때, 앞면이 나오는 횟수와 뒷면이 나오는 횟수의 곱이 6일 확률은?

① $\dfrac{5}{8}$ ② $\dfrac{9}{16}$ ③ $\dfrac{1}{2}$

④ $\dfrac{7}{16}$ ⑤ $\dfrac{3}{8}$

18

서로 다른 두 개의 주사위를 동시에 던져 좌표평면 위의 점 P를 다음 규칙에 따라 이동시킨다.

㈎ 나온 두 눈의 수의 곱이 홀수이면 x축의 방향으로 1만큼 평행이동시킨다.

㈏ 나온 두 눈의 수의 곱이 짝수이면 y축의 방향으로 1만큼 평행이동시킨다.

원점에 있는 점 P가 이 시행을 8회 반복한 후 원 $(x-8)^2+y^2=4$의 내부에 있을 확률이 $\dfrac{p}{2^{16}}$일 때, p의 값을 구하여라.

19

한 개의 주사위를 두 번 던질 때 나오는 눈의 수를 차례로 a, b라고 하자.

다음은 이차함수 $f(x)=x^2-7x+12$에 대하여 $f(a)f(b)=0$이 성립할 확률을 구하는 과정이다.

첫 번째 던져서 나오는 주사위의 눈의 수를 a라고 할 때 $f(a)=0$이 되는 사건을 A라 하고, 두 번째 던져서 나오는 주사위의 눈의 수를 b라고 할 때 $f(b)=0$이 되는 사건을 B라 하자.

이차방정식 $f(x)=0$의 해는 $x=3$ 또는 $x=4$이므로

$$P(A)=\boxed{\text{㈎}}, \ P(B)=\boxed{\text{㈎}}$$

이다.

구하는 확률 $P(A \cup B)$는

$$P(A \cup B)=P(A)+P(B)-P(A \cap B)$$

이고, 두 사건 A와 B는 서로 독립이므로

$$P(A \cap B)=\boxed{\text{㈏}}$$

이다. 그러므로

$$P(A \cup B)=\boxed{\text{㈐}}$$

이다.

위의 ㈎, ㈏, ㈐에 알맞은 수를 각각 m, n, k라고 할 때, $m \times n \times k$의 값은?

① $\dfrac{1}{81}$ ② $\dfrac{5}{243}$ ③ $\dfrac{7}{243}$

④ $\dfrac{1}{27}$ ⑤ $\dfrac{11}{243}$

09 확률분포

1. 이산확률변수

확률변수 X가 가질 수 있는 값이 유한개이거나 자연수와 같이 셀 수 있을 때 그 확률변수 X를 이산확률변수라 하고, X가 어떤 값 x를 취할 확률 $\mathrm{P}(X=x)$에 대하여 $\mathrm{P}(X=x_i)=p_i\,(i=1,\ 2,\ 3,\ \cdots,\ n)$를 이산확률변수 X의 확률질량함수라고 한다.

2. 확률질량함수의 성질

이산확률변수 X의 확률질량함수 $\mathrm{P}(X=x_i)=p_i\,(i=1,\ 2,\ \cdots,\ n)$에 대하여

① $0 \le p_i \le 1$ 　　　② $p_1+p_2+p_3+\cdots+p_n=1$

③ $\mathrm{P}(x_i \le p_i \le x_j)=p_i+p_{i+1}+p_{i+2}+\cdots+p_j$ (단, $i,\ j=1,\ 2,\ \cdots,\ n,\ i \le j$)

3. 이산확률변수 X의 평균, 분산과 표준편차

(1) 이산확률변수 X의 확률질량함수 $\mathrm{P}(X=x_i)=p_i\,(i=1,\ 2,\ \cdots,\ n)$에 대하여

① 평균: $\mathrm{E}(X)=x_1p_1+x_2p_2+x_3p_3+\cdots+x_np_n$

② 분산: $\mathrm{V}(X)=\mathrm{E}((X-m)^2)=\mathrm{E}(X^2)-\{\mathrm{E}(X)\}^2$

③ 표준편차: $\sigma(X)=\sqrt{\mathrm{V}(X)}$

(2) 확률변수 X와 두 상수 $a\,(a \ne 0)$, b에 대하여

① $\mathrm{E}(aX+b)=a\mathrm{E}(X)+b$ 　　　② $\mathrm{V}(aX+b)=a^2\mathrm{V}(X)$

③ $\sigma(aX+b)=|a|\sigma(X)$

◀ 어떤 시행에서 표본공간의 각 원소에 하나의 실수가 대응되는 함수를 확률변수라고 한다.

◀ 「수학 I」에서 배운 합의 기호 $\sum$를 이용하면 다음과 같다.
$\mathrm{P}(x_i \le p_i \le x_j)$
$=\sum_{k=i}^{j}\mathrm{P}(X=x_i)=\sum_{k=i}^{j}p_k$
(단, $i,\ j=1,\ 2,\ 3,\ \cdots,\ n,$
$i \le j$)

◀ 이산확률변수의 평균, 분산, 표준편차의 성질은 연속확률변수에 대해서도 성립한다.

---

01 확률변수 X의 확률분포가 다음 표와 같다.

X	0	2	4	합계
$\mathrm{P}(X=x)$	$\dfrac{3}{4}$	p	q	1

$\mathrm{E}(X)=\dfrac{3}{5}$일 때, $\dfrac{p}{q}$의 값을 구하여라. (단, $p,\ q$는 상수이다.)

> **01**
> $\mathrm{E}(X)=x_1p_1+x_2p_2+\cdots+x_np_n$

02 확률변수 X의 확률질량함수가

$$\mathrm{P}(X=x)=ax\ (x=1,\ 2,\ 3,\ \cdots,\ 8)$$

일 때, $\mathrm{P}(X=4)$의 값은? (단, a는 상수이다.)

① $\dfrac{1}{7}$ 　　　② $\dfrac{1}{8}$ 　　　③ $\dfrac{1}{9}$

④ $\dfrac{1}{10}$ 　　　⑤ $\dfrac{1}{11}$

> **02**
> 확률의 총합이 1임을 이용하여 a의 값을 먼저 구한다.

03 확률변수 X에 대하여 $\mathrm{E}(X)=10$, $\mathrm{V}(X)=16$일 때, $\mathrm{E}(X^2)$의 값은?

① 116   ② 105   ③ 98

④ 84   ⑤ 72

04 확률변수 X의 확률분포가 다음 표와 같을 때, 확률변수 X의 표준편차는?

(단, a는 상수이다.)

X	1	2	3	4	합계
$\mathrm{P}(X=x)$	$\dfrac{3}{8}$	$\dfrac{3}{8}$	a	$\dfrac{1}{8}$	1

① 1   ② $\sqrt{3}$ ③ 2

④ $\sqrt{5}$ ⑤ 4

05 확률변수 X에 대하여 $\mathrm{E}(X)=2$, $\mathrm{V}(X)=5$일 때, $\mathrm{E}((X-1)^2)$의 값은?

① 1   ② 2   ③ 4

④ 6   ⑤ 8

06 확률변수 X의 확률분포가 다음 표와 같을 때, 확률변수 $3X+2$의 평균과 표준편차를 구하여라.

X	0	1	2	합계
$\mathrm{P}(X=x)$	$\dfrac{1}{5}$	$\dfrac{2}{5}$	$\dfrac{2}{5}$	1

 이항분포

1. 이항분포

(1) 한 번의 시행에서 사건 A가 일어날 확률이 p일 때 n번의 독립시행에서 사건 A가 일어나는 횟수를 확률변수 X라고 하면, X의 확률질량함수는
$$P(X=x)={}_n C_x p^x q^{n-x}\ (x=0,\ 1,\ 2,\ \cdots,\ n,\ q=1-p)$$
이다. 이와 같은 확률변수 X의 확률분포를 이항분포라고 하며, 기호 $B(n,\ p)$로 나타낸다.

(2) 확률변수 X가 이항분포 $B(n,\ p)$를 따를 때,
$$E(X)=np,\ V(X)=npq,\ \sigma(X)=\sqrt{npq}\ \text{(단, } q=1-p)$$

2. 큰수의 법칙

어떤 시행에서 사건 A가 일어날 확률이 p일 때 n번의 독립시행에서 사건 A가 일어나는 횟수를 X라고 하면, 임의의 양수 h에 대하여 n을 충분히 크게 하면 $P\left(\left|\dfrac{X}{n}-p\right|<h\right)$는 1에 가까워진다.

◼ 이항분포의 각 확률은 $(q+p)^n$을 이항정리를 이용하여 전개한 식의 각 항과 같다.

◼ 큰수의 법칙은 상대도수 $\dfrac{X}{n}$와 수학적 확률 p 사이의 성립하는 것으로, 큰수의 법칙에 의하여 시행 횟수가 충분히 크면 통계적 확률은 수학적 확률에 가까워짐을 알 수 있다.

---

01 확률변수 X의 확률분포가 다음 표와 같다.

X	0	1	2	$\cdots$	k	$\cdots$	n	합계
$P(X=k)$	${}_n C_0 q^n$	${}_n C_1 p^1 q^{n-1}$	${}_n C_2 p^2 q^{n-2}$	$\cdots$	${}_n C_k p^k q^{n-k}$	$\cdots$	${}_n C_n p^n$	1

$E(X)=1$, $V(X)=\dfrac{9}{10}$일 때, $P(X<2)$의 값은?

① $\dfrac{19}{10}\left(\dfrac{9}{10}\right)^9$　　　　② $\dfrac{17}{9}\left(\dfrac{8}{9}\right)^8$　　　　③ $\dfrac{15}{8}\left(\dfrac{7}{8}\right)^7$

④ $\dfrac{13}{7}\left(\dfrac{6}{7}\right)^6$　　　　⑤ $\dfrac{11}{6}\left(\dfrac{5}{6}\right)^5$

01
$P(X<2)$
$=P(X=0)+P(X=1)$

02 확률변수 X가 이항분포 $B(200,\ p)$를 따르고 X의 평균이 40일 때, X의 분산을 구하여라.

02
$E(X)=40$에서 n을 먼저 구한다.

03 어떤 공장에서 생산되는 제품이 평균 10개 중에 a개의 꼴로 불량이다. 이 공장에서 생산된 제품 n개를 임의로 뽑았을 때, 그 속에 포함된 불량품의 개수 X의 평균이 10, 표준편차가 3이었다고 한다. $n-a$의 값을 구하여라.

생산되는 제품 중 불량품을 뽑을 확률은 $\dfrac{a}{10}$이다.

04 확률변수 X가 이항분포 $\mathrm{B}(n,\ p)$를 따른다. 확률변수 $2X-5$의 평균과 표준편차가 각각 175와 12일 때, n의 값은?

① 130 ② 135 ③ 140
④ 145 ⑤ 150

두 상수 $a\ (a\neq0)$, b에 대하여
$\mathrm{E}(aX+b)=a\mathrm{E}(X)+b$,
$\mathrm{V}(aX+b)=a^2\mathrm{V}(X)$

05 확률변수 X가 이항분포 $\mathrm{B}(25,\ p)$를 따르고 $\mathrm{P}(X=2)=48\mathrm{P}(X=1)$이다. 확률변수 X에 대하여 X^2의 평균을 구하여라. (단, $p\neq0$)

확률변수 X가 이항분포를 따를 때,
$\mathrm{P}(X=x)={}_n\mathrm{C}_x p^x q^{n-x}$
$(x=0,\ 1,\ 2,\ \cdots,\ n,\ q=1-p)$

06 이차함수 $y=f(x)$의 그래프는 오른쪽 그림과 같고, $f(0)=f(3)=0$이다. 한 개의 주사위를 던져 나온 눈의 수 m에 대하여 $f(m)$이 0보다 큰 사건을 A라고 하자. 한 개의 주사위를 15회 던지는 독립시행에서 사건 A가 일어나는 횟수를 확률변수 X라고 할 때, $\mathrm{E}(X)$의 값은?

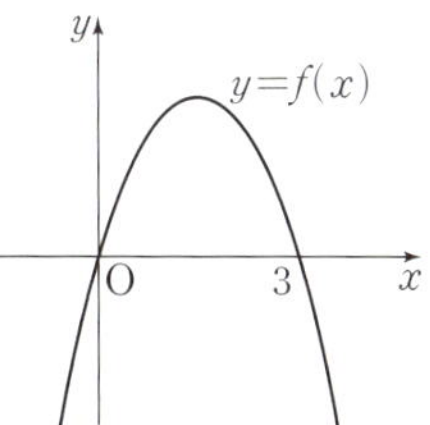

① 3 ② $\dfrac{7}{2}$ ③ 4
④ $\dfrac{9}{2}$ ⑤ 5

$f(m)>0$이려면 $0<m<3$

07 한 개의 주사위를 n번 던질 때 1 또는 2의 눈이 나오는 횟수를 X라고 하자. n이 커짐에 따라 $\mathrm{P}\left(\left|\dfrac{X}{n}-\dfrac{1}{3}\right|<0.1\right)$의 값은 어떤 값에 가까워지는지 구하여라.

큰수의 법칙을 이용한다.

01

세 개의 동전을 동시에 던지는 시행에서 앞면이 나오는 횟수를 확률변수 X라고 하자. 확률변수 X의 확률분포가 다음 표와 같을 때, 세 상수 a, b, c의 값을 각각 구하여라.

X	0	1	2	3	합계
$P(X=x)$	$\dfrac{1}{8}$	a	b	c	1

02

흰 공 3개, 검은 공 4개가 들어 있는 주머니에서 3개의 공을 동시에 꺼낼 때 나오는 흰 공의 개수를 확률변수 X라고 하자. $P(X=2)=\dfrac{q}{p}$일 때, $p+q$의 값을 구하여라.

(단, p와 q는 서로소인 자연수이다.)

03

확률변수 X의 확률질량함수가
$$P(X=x)=\begin{cases} \dfrac{1}{12} & (x=0,\,2,\,4) \\ a & (x=1,\,3) \end{cases}$$
일 때, $P(1 \le X \le 4)$의 값을 구하여라.

04

두 확률변수 X와 Y가 가지는 값이 각각 1부터 5까지의 자연수이고
$$P(Y=k)=\frac{1}{2}P(X=k)+\frac{1}{10}\ (k=1,\,2,\,3,\,4,\,5)$$
이다. $E(X)=4$일 때, $E(Y)=a$이다. $8a$의 값을 구하여라.

05

확률변수 X의 확률분포가 다음 표와 같을 때, $E(4X+3)$의 값을 구하여라.

X	-5	0	5	합계
$P(X=x)$	$\dfrac{1}{5}$	$\dfrac{1}{5}$	$\dfrac{3}{5}$	1

06

확률변수 X의 확률질량함수가
$$P(X=x_i)=p_i\ (i=1,\,2,\,3,\,\cdots,\,n)$$
이고 $E(X)=m$일 때, 다음 중 의미가 <u>다른</u> 하나는?

① $\displaystyle\sum_{i=1}^{n}(x_i-m)^2 p_i$ ② $E((X-m)^2)$

③ $V(X)$ ④ $E(X^2)$

⑤ $\displaystyle\sum_{i=1}^{n}x_i^2 p_i - m^2$

정답과 풀이 p.18

07

확률변수 X의 확률분포가 다음 표와 같다.

X	0	1	2	합계
$\mathrm{P}(X=x)$	a	b	c	1

$\mathrm{E}(X)=1$, $\mathrm{V}(X)=\dfrac{1}{4}$일 때, $\mathrm{P}(X=0)$의 값을 구하여라.

08

다음과 같이 정의된 확률변수 X, Y, Z의 분산의 대소 관계를 바르게 나타낸 것은? (단, 확률변수 X, Y, Z의 분산은 각각 $\mathrm{V}(X)$, $\mathrm{V}(Y)$, $\mathrm{V}(Z)$이다.)

> X : 연속하는 100개의 자연수에서 임의로 뽑은 두 수의 차
> Y : 연속하는 100개의 홀수에서 임의로 뽑은 두 수의 차
> Z : 연속하는 100개의 짝수에서 임의로 뽑은 두 수의 차

① $\mathrm{V}(X)<\mathrm{V}(Y)<\mathrm{V}(Z)$

② $\mathrm{V}(X)=\mathrm{V}(Y)=\mathrm{V}(Z)$

③ $\mathrm{V}(X)>\mathrm{V}(Y)=\mathrm{V}(Z)$

④ $\mathrm{V}(X)=\mathrm{V}(Y)<\mathrm{V}(Z)$

⑤ $\mathrm{V}(X)<\mathrm{V}(Y)=\mathrm{V}(Z)$

09

수학 시험 성적을 확률변수 X라 하고 X의 평균을 m점, 표준편차를 σ점이라고 할 때, $T=10\left(\dfrac{X-m}{\sigma}\right)+50$을 T점수라고 한다. 이때 T점수의 평균과 표준편차를 각각 구하여라. (단, $\sigma>0$)

10

무게가 1인 추 6개, 무게가 2인 추 3개와 비어 있는 주머니 1개가 있다. 주사위 한 개를 사용하여 다음의 시행을 한다. (단, 무게의 단위는 g이다.)

> 주사위를 한 번 던져 나온 눈의 수가 2 이하이면 무게가 1인 추 1개를 주머니에 넣고, 눈의 수가 3 이상이면 무게가 2인 추 1개를 주머니에 넣는다.

위의 시행을 반복하여 주머니에 들어 있는 추의 총무게가 처음으로 6보다 크거나 같을 때, 주머니에 들어 있는 추의 개수를 확률변수 X라고 하자. 다음은 X의 확률질량함수 $\mathrm{P}(X=x)$ ($x=3, 4, 5, 6$)을 구하는 과정이다.

> (i) $X=3$인 사건은 주머니에 무게가 2인 추 3개가 들어 있는 경우이므로
> $$\mathrm{P}(X=3)=\boxed{\text{(가)}}$$
>
> (ii) $X=4$인 사건은 세 번째 시행까지 넣은 추의 총무게가 4이고 네 번째 시행에서 무게가 2인 추를 넣는 경우와 세 번째 시행까지 넣은 추의 총무게가 5인 경우로 나눌 수 있다. 그러므로
> $$\mathrm{P}(X=4)=\boxed{\text{(나)}}+{}_3\mathrm{C}_1\left(\dfrac{1}{3}\right)^1\left(\dfrac{2}{3}\right)^2$$
>
> (iii) $X=5$인 사건은 네 번째 시행까지 넣은 추의 총무게가 4이고 다섯 번째 시행에서 무게가 2인 추를 넣는 경우와 네 번째 시행까지 넣은 추의 총무게가 5인 경우로 나눌 수 있다. 그러므로
> $$\mathrm{P}(X=5)={}_4\mathrm{C}_4\left(\dfrac{1}{3}\right)^4\left(\dfrac{2}{3}\right)^0\times\dfrac{2}{3}+\boxed{\text{(다)}}$$
>
> (iv) $X=6$인 사건은 다섯 번째 시행까지 넣은 추의 총무게가 5인 경우이므로
> $$\mathrm{P}(X=6)=\left(\dfrac{1}{3}\right)^5$$

위의 (가), (나), (다)에 알맞은 수를 각각 a, b, c라고 할 때, $\dfrac{ab}{c}$의 값은?

① $\dfrac{4}{9}$　　② $\dfrac{7}{9}$　　③ $\dfrac{10}{9}$

④ $\dfrac{13}{9}$　　⑤ $\dfrac{16}{9}$

11

확률변수 X의 확률분포가 다음 표와 같다.

X	0.121	0.221	0.321	합계
$\mathrm{P}(X=x)$	a	b	$\dfrac{2}{3}$	1

다음은 $\mathrm{E}(X)=0.271$일 때, $\mathrm{V}(X)$를 구하는 과정이다.

> $Y=10X-2.21$이라고 하자. 확률변수 Y의 확률분포를 표로 나타내면 다음과 같다.
>
> | Y | -1 | 0 | 1 | 합계 |
> |---|---|---|---|---|
> | $\mathrm{P}(Y=y)$ | a | b | $\dfrac{2}{3}$ | 1 |
>
> $\mathrm{E}(Y)=10\mathrm{E}(X)-2.21=0.5$이므로
> $$a=\boxed{\text{(가)}}, \quad b=\boxed{\text{(나)}}$$
> 이고 $\mathrm{V}(Y)=\dfrac{7}{12}$이다.
> 한편, $Y=10X-2.21$이므로
> $$\mathrm{V}(Y)=\boxed{\text{(다)}}\times\mathrm{V}(X)\text{이다.}$$
> 따라서 $\mathrm{V}(X)=\dfrac{1}{\boxed{\text{(다)}}}\times\dfrac{7}{12}$이다.

위의 (가), (나), (다)에 알맞은 수를 각각 p, q, r라고 할 때, pqr의 값은? (단, a, b는 상수이다.)

① $\dfrac{13}{9}$ ② $\dfrac{16}{9}$ ③ $\dfrac{19}{9}$

④ $\dfrac{22}{9}$ ⑤ $\dfrac{25}{9}$

12

확률변수 X가 이항분포 $\mathrm{B}\left(100, \dfrac{1}{5}\right)$을 따를 때, 확률변수 $4X+1$의 표준편차를 구하여라.

13

확률변수 X가 이항분포 $\mathrm{B}\left(n, \dfrac{1}{3}\right)$을 따르고 $\mathrm{V}(3X)=40$일 때, n의 값을 구하여라.

14

한 개의 주사위를 6번 던져 6의 약수의 눈이 나오는 횟수를 확률변수 X라고 할 때 $\dfrac{\mathrm{P}(X=3)}{\mathrm{P}(X=2)}=\dfrac{q}{p}$이다. 이때 $p+q$의 값은? (단, p와 q는 서로소인 자연수이다.)

① 8 ② 9 ③ 10
④ 11 ⑤ 12

15

확률변수 X가 이항분포 $\mathrm{B}(n, p)$를 따르고, $\mathrm{E}(3X)=18$, $\mathrm{E}(3X^2)=120$일 때, n의 값을 구하여라.

정답과 풀이 p.20

16

A, B 두 지역의 고등학교가 자매결연을 하여 모임을 가지며 A 지역 3명, B 지역 2명의 5명으로 구성된 모둠 10개를 만들었다. 각 모둠에서 임의로 2명을 선택할 때 A 지역 학생들만 선택된 모둠의 수를 확률변수 X라고 하자. X의 평균을 구하여라. (단, 두 모둠 이상에 속한 학생은 없다.)

17

확률변수 X가 이항분포 $B(9, p)$를 따르고 $\{E(X)\}^2 = V(X)$일 때, p의 값은? (단, $0 < p < 1$)

① $\dfrac{1}{13}$ ② $\dfrac{1}{12}$ ③ $\dfrac{1}{11}$

④ $\dfrac{1}{10}$ ⑤ $\dfrac{1}{9}$

18

어느 공장에서 생산되는 제품은 한 상자에 50개씩 넣어 판매되는데, 상자에 포함된 불량품의 개수는 이항분포를 따르고 평균이 m, 분산이 $\dfrac{48}{25}$이라고 한다.

한 상자를 판매하기 전에 불량품을 찾아내기 위하여 50개의 제품을 모두 검사하는 데 총 60000원의 비용이 발생한다. 검사하지 않고 한 상자를 판매할 경우에는 한 개의 불량품에 a원의 사후 관리 비용이 필요하다. 한 상자의 제품을 모두 검사하는 비용과 사후 관리 비용의 기댓값이 같다고 할 때, $\dfrac{a}{1000}$의 값을 구하여라.

(단, a는 상수이고, m은 5 이하인 자연수이다.)

19

한 개의 주사위를 n번 던질 때 4의 약수의 눈이 나오는 횟수를 X라고 하자. n이 커짐에 따라 확률 $P\left(\left|\dfrac{X}{n} - p\right| < 0.1\right)$이 1에 가까워질 때, p의 값은?

① $\dfrac{1}{6}$ ② $\dfrac{1}{3}$ ③ $\dfrac{1}{2}$

④ $\dfrac{2}{3}$ ⑤ $\dfrac{5}{6}$

연속확률분포

필수 개념 11

1. 연속확률변수와 확률분포

(1) 확률변수 X가 키, 몸무게, 강수량과 같이 어떤 범위 안에 속하는 모든 실수의 값을 가질 때, 그 확률변수 X를 연속확률변수라고 한다.

(2) $\alpha \leq X \leq \beta$에서 모든 실수의 값을 가질 수 있는 연속확률변수 X에 대하여 $\alpha \leq X \leq \beta$에서 정의된 함수 $f(x)$가 다음 세 가지 성질을 만족시킬 때, 함수 $f(x)$를 확률변수 X의 확률밀도함수라고 한다.

① $f(x) \geq 0$

② 함수 $y=f(x)$의 그래프와 x축 및 두 직선 $x=\alpha$, $x=\beta$로 둘러싸인 부분의 넓이는 1이다.

③ $P(a \leq X \leq b)$는 함수 $y=f(x)$의 그래프와 x축 및 두 직선 $x=a$, $x=b$로 둘러싸인 부분의 넓이와 같다. (단, $\alpha \leq a \leq b \leq \beta$)

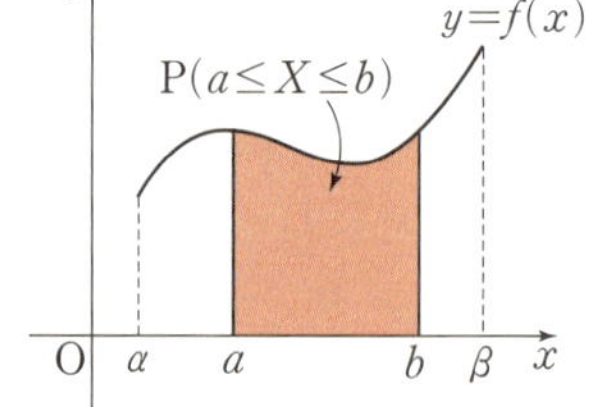

■ 적분을 이용한 확률밀도함수

연속확률변수 X에 대하여 $\alpha \leq X \leq \beta$에서 정의된 확률밀도함수를 $f(x)$라고 하면

① $\int_{\alpha}^{\beta} f(x)dx = 1$

② $P(a \leq X \leq b) = \int_{a}^{b} f(x)dx$

（단, $\alpha \leq a \leq b \leq \beta$）

---

01 $0 \leq x \leq 5$에서 정의된 연속확률변수 X의 확률밀도함수 $y=f(x)$의 그래프가 오른쪽 그림과 같을 때, 상수 k의 값을 구하여라.

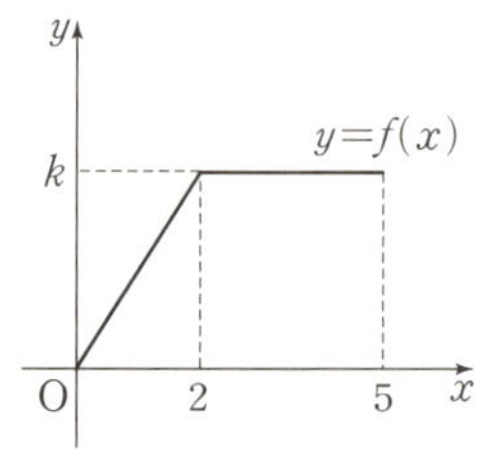

01 $0 \leq x \leq 5$에서 $y=f(x)$의 그래프와 x축 사이의 넓이는 1이다.

---

02 다음 중 $-1 \leq x \leq 1$에서 정의된 연속확률변수 X의 확률밀도함수가 될 수 있는 것만을 |보기|에서 있는 대로 고른 것은?

| 보기 |

ㄱ. $f(x) = |x|$ 　　　　ㄴ. $f(x) = x$

ㄷ. $f(x) = -\dfrac{1}{2}x + \dfrac{1}{2}$ 　　　　ㄹ. $f(x) = 1$

① ㄱ, ㄴ 　　② ㄱ, ㄷ 　　③ ㄱ, ㄹ
④ ㄴ, ㄷ 　　⑤ ㄷ, ㄹ

02 함수의 그래프를 직접 그려 확률밀도함수의 조건을 만족시키는지 확인한다.

03 오른쪽 그림은 연속확률변수 X의 확률밀도함수 $f(x)$의 그래프이다. 이때 $\mathrm{P}(1 \leq X \leq 3)$의 값을 구하여라.

(단, k는 상수이다.)

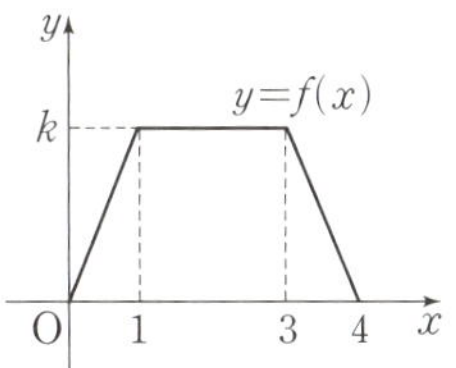

04 연속확률변수 X의 확률밀도함수가 $f(x)=kx$ $(0 \leq x \leq 1)$일 때, $\mathrm{P}\left(\dfrac{1}{2} \leq x \leq 1\right)$의 값은? (단, k는 상수이다.)

① $\dfrac{1}{2}$ ② $\dfrac{2}{3}$ ③ $\dfrac{3}{4}$

④ $\dfrac{4}{5}$ ⑤ $\dfrac{5}{6}$

05 $-2 \leq x \leq 2$에서 정의된 연속확률변수 X에 대하여 $\mathrm{P}(-2 \leq X \leq 1)=\dfrac{3}{4}$일 때, $\mathrm{P}(1 \leq X \leq 2)=\dfrac{1}{a}$이다. 상수 a의 값을 구하여라.

06 연속확률변수 X의 확률밀도함수가

$$f(x)=\begin{cases} kx & (0 \leq x < 1) \\ k(2-x) & (1 \leq x \leq 2) \end{cases}$$

일 때, $k+8\mathrm{P}\left(\dfrac{1}{2} \leq X < 1\right)$의 값을 구하여라. (단, k는 상수이다.)

07 $0 \leq x \leq 2$에서 정의된 연속확률변수 X의 확률밀도함수 $y=f(x)$의 그래프가 오른쪽 그림과 같을 때, $\mathrm{P}(2k \leq x \leq 2)=\dfrac{q}{p}$이다. $p+q$의 값을 구하여라.

(단, k는 상수이고, p와 q는 서로소인 자연수이다.)

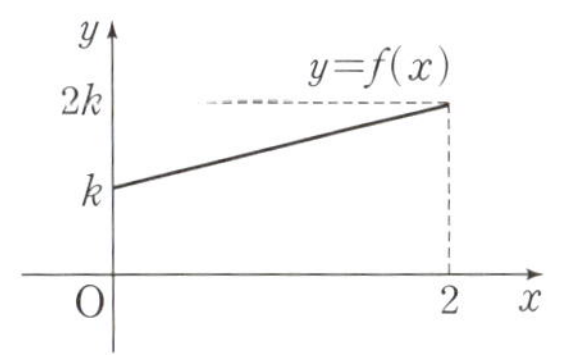

 정규분포

1. 정규분포

(1) 평균이 m, 표준편차가 σ인 정규분포를 기호 $\mathrm{N}(m, \sigma^2)$로 나타낸다. 정규분포 $\mathrm{N}(m, \sigma^2)$의 확률밀도함수 $f(x)$의 그래프는 오른쪽 그림과 같으며, 이 곡선을 정규분포곡선이라고 한다.

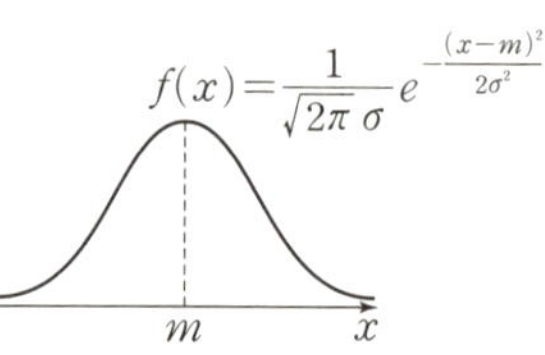

(2) 정규분포곡선의 성질

① 직선 $x=m$에 대하여 대칭인 종 모양의 곡선이다.

② 곡선과 x축 사이의 넓이는 1이다.

③ σ의 값이 일정할 때, m의 값이 달라지면 대칭축의 위치는 바뀌지만 모양은 변하지 않는다.

④ m의 값이 일정할 때, σ의 값이 클수록 가운데 부분의 높이는 낮아지고 옆으로 퍼진 모양이 된다.

2. 표준정규분포

확률변수 X가 정규분포 $\mathrm{N}(m, \sigma^2)$을 따를 때, 확률변수 $Z=\dfrac{X-m}{\sigma}$은 표준정규분포 $\mathrm{N}(0, 1)$을 따른다. 즉,

$$\mathrm{P}(a \le X \le b)=\mathrm{P}\left(\frac{a-m}{\sigma} \le Z \le \frac{b-m}{\sigma}\right)$$

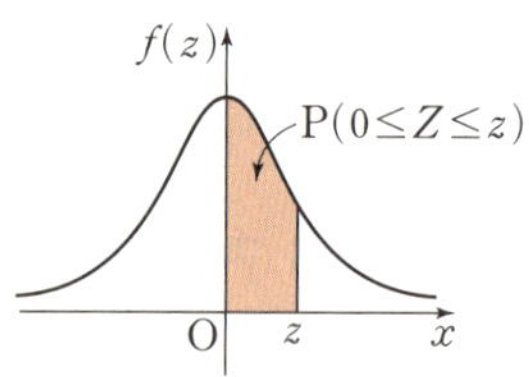

3. 이항분포와 정규분포의 관계

확률변수 X가 이항분포 $\mathrm{B}(n, p)$를 따를 때, n이 충분히 크면 X는 근사적으로 정규분포 $\mathrm{N}(np, npq)$를 따른다. (단, $q=1-p$)

▶ 실수 전체의 집합에서 정의된 연속확률변수 X의 확률밀도함수 $f(x)$가 두 상수 m, σ $(\sigma>0)$에 대하여

$$f(x)=\frac{1}{\sqrt{2\pi}\sigma}e^{-\frac{(x-m)^2}{2\sigma^2}}$$

일 때, X의 확률분포를 정규분포라고 한다.

▶ 정규분포곡선

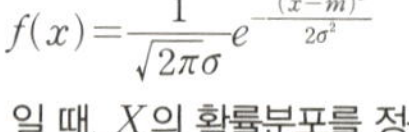

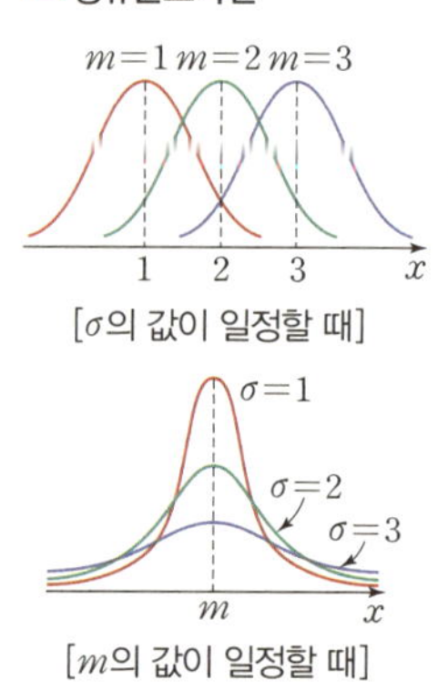

---

01 확률변수 X가 정규분포 $\mathrm{N}(30, 2^2)$을 따를 때 $\mathrm{P}(X \le 10)=\mathrm{P}(X \ge a)$이다. 이 확률변수 X의 평균을 m, 표준편차를 σ라고 할 때, $a+m+\sigma$의 값을 구하여라.

(단, a는 상수이다.)

01

확률변수 X가 정규분포 $\mathrm{N}(m, \sigma^2)$을 따를 때 정규분포곡선은 직선 $x=m$에 대하여 대칭이므로
$$\mathrm{P}(X \le m-a)=\mathrm{P}(X \ge m+a)$$

02 A, B 두 회사의 임금에 대한 평균과 표준편차는 오른쪽 표와 같다. A 회사에서 매달 170만 원을 받던 사람이 A 회사 내에서의 수준과 같은 수준으로 B 회사로 옮길 때, B 회사에서 매달 받을 임금을 구하여라.

	평균	표준편차
A 회사	120	50
B 회사	150	60

(단위: 만 원)

02

두 회사 A, B의 임금을 각각 정규분포 $\mathrm{N}(m, \sigma^2)$으로 나타낸 후 표준화한다.

03 다음은 어느 고등학교 학생의 각 과목 점수와 전체 학생의 평균과 표준편차를 나타낸 표이다.

과목	국어	영어	수학	사회	과학
점수	80	82	90	70	58
평균	60	60	80	55	50
표준편차	20	18	9	7	3

이 다섯 과목의 성적이 정규분포를 따를 때, 상대적으로 성적이 우수한 과목은?

① 국어 　　　② 영어 　　　③ 수학

④ 사회 　　　⑤ 과학

03
$Z = \dfrac{X-m}{\sigma}$ 을 이용하여 표준화하여 정규분포를 나타내어 비교한다.

04 확률변수 X가 정규분포 $N(50, 2^2)$을 따를 때, $P(49 \le X \le 52)$의 값을 구하여라.

（단, $P(0 \le Z \le 0.5)=0.1915$, $P(0 \le Z \le 1)=0.3413$으로 계산한다.）

04
$P(-a \le Z \le b)$
$= P(-a \le Z \le 0)$
$\qquad\qquad + P(0 \le Z \le b)$
$= P(0 \le Z \le a) + P(0 \le Z \le b)$

05 영호의 집에서 학교까지의 통학 시간은 평균이 30분이고 표준편차가 5분인 정규분포를 따른다고 한다. 영호가 수업 시작 40분 전에 집에서 출발했을 때, 지각할 확률을 오른쪽 표준정규분포표를 이용하여 구하여라.

z	$P(0 \le Z \le z)$
2.00	0.4772
2.02	0.4783

05
영호가 지각할 확률은 $P(X>40)$이다.

06 어느 고등학교에서 아침을 먹고 등교하는 학생이 비율이 40 %라고 한다. 이 학교 학생 150명 중 아침을 먹고 등교하는 학생이 66명 이상일 확률을 구하여라.

（단, $P(0 \le Z \le 1)=0.3413$으로 계산한다.）

06
150명 중 아침을 먹고 등교하는 학생 수는 이항분포 $B(150, 0.4)$를 따른다.

01

연속확률변수 X의 확률밀도함수가

$$f(x)=\frac{k(x-1)}{2}\ (2\leq x\leq 4)$$

일 때, 상수 k의 값은?

① $\dfrac{1}{4}$ ② $\dfrac{1}{2}$ ③ 1

④ 2 ⑤ $\dfrac{5}{2}$

02

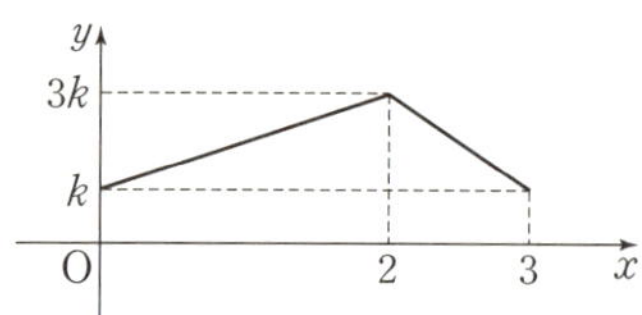

연속확률변수 X가 갖는 값의 범위는 $0\leq X\leq 1$이고, X의 확률밀도함수의 그래프는 다음 그림과 같다. 상수 a의 값은?

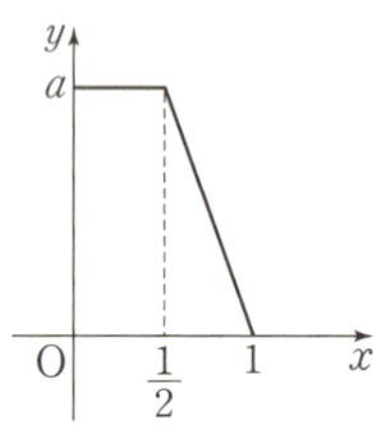

① $\dfrac{10}{9}$ ② $\dfrac{11}{9}$ ③ $\dfrac{4}{3}$

④ $\dfrac{13}{9}$ ⑤ $\dfrac{14}{9}$

03

연속확률변수 X가 갖는 값의 범위는 $0\leq X\leq 3$이고, X의 확률밀도함수의 그래프가 다음 그림과 같을 때, $\mathrm{P}(0\leq X\leq 2)$의 값을 구하여라. (단, k는 상수이다.)

04

$0\leq X\leq 3$에서 정의된 연속확률변수 X에 대하여

$$\mathrm{P}(x\leq X\leq 3)=a(3-x)\ (0\leq x\leq 3)$$

가 성립할 때, $\mathrm{P}(0\leq X<a)=\dfrac{q}{p}$이다. $p+q$의 값을 구하여라. (단, a는 상수이고, p와 q는 서로소인 자연수이다.)

05

연속확률변수 X의 확률밀도함수가

$$f(x)=\begin{cases} \dfrac{1}{4}x & (0\leq x\leq 2) \\ 1-\dfrac{1}{4}x & (2\leq x\leq 4) \end{cases}$$

일 때, $\mathrm{P}(1\leq X\leq 3)$의 값은?

① $\dfrac{1}{8}$ ② $\dfrac{1}{4}$ ③ $\dfrac{1}{2}$

④ $\dfrac{3}{4}$ ⑤ $\dfrac{4}{5}$

06

$-1 \leq x \leq 1$에서 정의된 연속확률변수 X의 확률밀도함수 $y=f(x)$의 그래프가 오른쪽 그림과 같을 때, $\mathrm{P}\left(|X| \leq \dfrac{1}{3}\right)$의 값은? (단, a는 상수이다.)

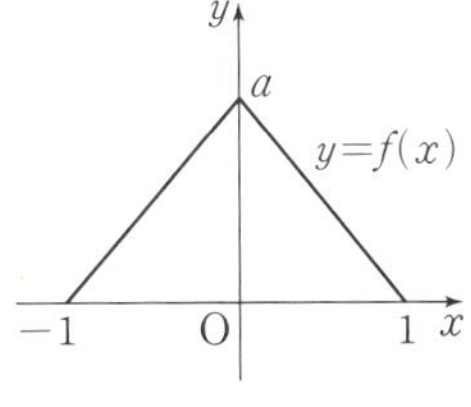

① $\dfrac{1}{9}$ ② $\dfrac{2}{9}$ ③ $\dfrac{1}{3}$

④ $\dfrac{4}{9}$ ⑤ $\dfrac{5}{9}$

07

연속확률변수 X의 확률밀도함수의 그래프가 직선 $x=2$에 대하여 대칭이고

$$\mathrm{P}(0 \leq X \leq 2)=\dfrac{1}{2},\ \mathrm{P}(1 \leq X \leq 3)=\dfrac{3}{4}$$

일 때, $\mathrm{P}(3 \leq X \leq 4)$의 값은?

① $\dfrac{1}{2}$ ② $\dfrac{3}{8}$ ③ $\dfrac{1}{4}$

④ $\dfrac{1}{8}$ ⑤ $\dfrac{1}{16}$

08

연속확률변수 X의 확률밀도함수가

$$f(x)=ax+b\ (0 \leq x \leq 2)$$

이고 $\mathrm{P}(0 \leq X \leq 1)=\dfrac{3}{8}$일 때, 두 상수 a, b의 값을 각각 구하여라.

09

연속확률변수 X의 확률밀도함수가

$$f(x)=2k-k|x|\ (-2 \leq x \leq 2)$$

일 때, $\mathrm{P}(X^2 \leq 1)$의 값을 구하여라.

10

$0 \leq x \leq 1$에서 정의된 확률변수 X의 확률밀도함수 $y=f(x)$의 그래프가 오른쪽 그림과 같을 때, 상수 a에 대하여 $10a$의 값을 구하여라. (단, $a>0$)

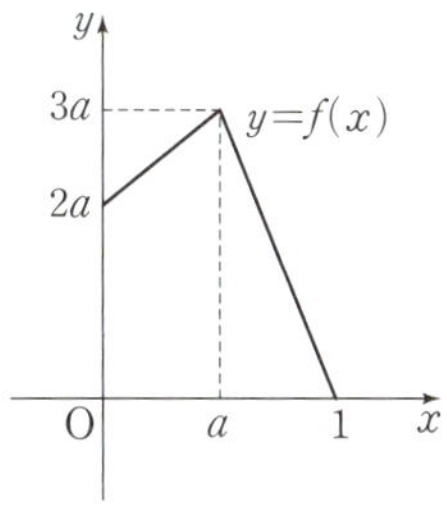

11

확률변수 X는 평균이 m, 표준편차가 5인 정규분포를 따르고, 확률변수 X의 확률밀도함수 $f(x)$가 다음 조건을 만족시킨다.

> (가) $f(10)>f(20)$　　　(나) $f(4)<f(22)$

m이 자연수일 때, $P(17\le X\le 18)$의 값을 오른쪽 표준정규분포표를 이용하여 구한 것은?

z	$P(0\le Z\le z)$
0.6	0.226
0.8	0.288
1.0	0.341
1.2	0.385
1.4	0.419

① 0.044　　② 0.053

③ 0.061　　④ 0.070

⑤ 0.097

12

다음은 은경이의 수학 I, 영어, 경제, 한국사 과목의 점수와 전체 학생의 평균, 표준편차이다. 학생들의 각 과목의 성적은 정규분포를 따른다고 한다.

과목	수학 I	영어	경제	한국사
점수	78	82	76	85
평균	70	79	71	82
표준편차	4	6	5	2

다른 학생들과 비교할 때, 은경이가 상대적으로 성적이 우수한 과목을 순서대로 써라.

13

10000명이 응시한 어느 자격증 시험에 1429명이 합격하였다. 시험 결과 응시자의 성적의 평균은 89점, 표준편차는 8점이었다. 응시자 전체의 성적이 정규분포를 따를 때, 합격하려면 최소한 몇 점 이상 받아야 하는지 소수 첫째 자리에서 반올림하여 구하여라.

(단, $P(0\le Z\le 1.07)=0.3571$로 계산한다.)

14

한 개의 동전을 100번 던질 때 앞면이 60번 이상 나올 확률과 한 개의 주사위를 1800번 던질 때 3의 배수의 눈이 k번 이상 나올 확률이 같다고 한다. 이때 상수 k의 값을 구하여라.

15

올해 대학 수학 능력 시험에 응시한 수험생의 점수는 평균이 280점, 표준편차가 20점인 정규분포를 따른다. 어느 수험생이 지원 자격이 상위 20 % 이내인 대학에 지원하려고 할 때, 이 수험생이 받아야 할 최저 점수를 구하여라.

(단, 소수 첫째 자리에서 반올림한다.)

z	$P(0\le Z\le z)$
0.25	0.1
0.52	0.2
0.84	0.3
1.28	0.4

정답과 풀이 p.25

16

확률변수 X가 정규분포 $N(4, 3^2)$을 따를 때,
$$P(X \leq 1) + P(X \leq 2) + \cdots + P(X \leq 7) = a$$
이다. $10a$의 값을 구하여라.

17

잘 나오는 내신 유형

확률변수 X는 평균이 m, 표준편차가 σ인 정규분포를 따르고
$$P(m \leq X \leq m+12) - P(X \leq m-12) = 0.3664$$
를 만족시킬 때, σ의 값은?

z	$P(0 \leq Z \leq z)$
0.5	0.1915
1.0	0.3413
1.5	0.4332
2.0	0.4772

① 4　　　　② 6　　　　③ 8
④ 10　　　⑤ 12

18

잘 나오는 수능 유형

확률변수 X는 정규분포 $N(10, 4^2)$, 확률변수 Y는 정규분포 $N(m, 4^2)$을 따르고, 확률변수 X와 Y의 확률밀도함수는 각각 $f(x)$와 $g(x)$이다.
$$f(12) = g(26),$$
$$P(Y \geq 26) \geq 0.5$$
일 때, $P(Y \leq 20)$의 값을 오른쪽 표준정규분포표를 이용하여 구한 것은?

z	$P(0 \leq Z \leq z)$
1.0	0.3413
1.5	0.4332
2.0	0.4772
2.5	0.4938

① 0.0062　　　② 0.0228　　　③ 0.0896
④ 0.1587　　　⑤ 0.2255

19

잘 틀리는 수능 유형

확률변수 X가 평균이 m, 표준편차가 σ인 정규분포를 따르고,
$$P(X \leq 3) = P(3 \leq X \leq 80) = 0.3$$
일 때, $m+\sigma$의 값을 구하여라. (단, Z가 표준정규분포를 따르는 확률변수일 때, $P(0 \leq Z \leq 0.25) = 0.1$, $P(0 \leq Z \leq 0.52) = 0.2$로 계산한다.)

13 모평균과 표본평균

1. 모평균과 표본평균

(1) 모집단의 확률변수 X의 평균, 분산, 표준편차를 각각 모평균, 모분산, 모표준편차라고 하며, 각각 기호 m, σ^2, σ로 나타낸다.

(2) 모집단에서 임의추출한 크기가 n인 표본을 X_1, X_2, X_3, $\cdots$, X_n이라고 할 때, 이들의 평균, 분산, 표준편차를 각각 표본평균, 표본분산, 표본표준편차라고 하며, 각각 기호 $\overline{X}$, S^2, S로 나타내고 다음과 같이 구한다.

① $\overline{X} = \dfrac{1}{n}(X_1 + X_2 + \cdots + X_n)$

② $S^2 = \dfrac{1}{n-1}\{(X_1-\overline{X})^2 + (X_2-\overline{X})^2 + \cdots + (X_n-\overline{X})^2\}$

③ $S = \sqrt{S^2}$

2. 표본평균의 평균, 분산, 표준편차

모평균이 m, 모표준편차가 σ인 모집단에서 크기가 n인 표본을 임의추출할 때, 표본평균 $\overline{X}$의 평균, 분산, 표준편차는

$$\mathrm{E}(\overline{X}) = m, \quad \mathrm{V}(\overline{X}) = \dfrac{\sigma^2}{n}, \quad \sigma(\overline{X}) = \dfrac{\sigma}{\sqrt{n}}$$

3. 표본평균의 분포

모평균이 m, 모표준편차가 σ인 모집단에서 크기가 n인 표본을 임의추출할 때, 모집단이 정규분포 $\mathrm{N}(m, \sigma^2)$을 따르면 표본평균 $\overline{X}$는 정규분포 $\mathrm{N}\left(m, \dfrac{\sigma^2}{n}\right)$을 따른다.

> ◼ 표본분산은 모분산과 달리 편차의 제곱의 합을 $n-1$로 나눈 것으로 정의하는데, 이는 표본분산과 모분산의 차이를 줄이기 위한 것이다.

> ◼ 모집단이 정규분포를 따르지 않더라도 표본의 크기 n의 값이 충분히 크면 표본평균 $\overline{X}$는 정규분포 $\mathrm{N}\left(m, \dfrac{\sigma^2}{n}\right)$을 따른다.

---

01 모평균이 20, 모표준편차가 2인 모집단에서 크기 16인 표본을 임의추출할 때, 표본평균 $\overline{X}$의 평균과 표준편차를 구하여라.

> **01** 모평균, 모표준편차를 알면 표본평균의 평균과 표준편차를 구할 수 있다.

02 1, 2, 2, 3을 원소로 하는 크기 4인 모집단에서 크기 2인 표본을 복원추출할 때, 표본평균 $\overline{X}$의 평균과 분산을 구하여라.

> **02** $\mathrm{E}(\overline{X}) = m$, $\mathrm{V}(\overline{X}) = \dfrac{\sigma^2}{n}$을 이용한다.

03 정규분포 $N(50, 10^2)$을 따르는 모집단에서 크기 16인 표본을 임의추출하고 그 표본평균을 $\overline{X}$라고 할 때, $P(\overline{X} \geq 45)$의 값을 구하여라.

(단, $P(0 \leq Z \leq 2) = 0.4772$로 계산한다.)

03
표본평균 $\overline{X}$는 정규분포 $N\left(50, \left(\dfrac{10}{\sqrt{16}}\right)^2\right)$을 따른다.

04 어느 우유 회사에서 생산되는 우유 1개의 부피는 평균이 200 mL, 표준편차가 10 mL인 정규분포를 따른다고 한다. 이 회사에서 생산된 우유 중에서 임의로 100개를 추출할 때, 표본평균이 202mL 이상일 확률을 오른쪽 표준정규분포표를 이용하여 구한 것은?

z	$P(0 \leq Z \leq z)$
1.96	0.4750
1.98	0.4761
2.00	0.4772
2.02	0.4783

① 0.0228   ② 0.0250   ③ 0.4750

④ 0.4772   ⑤ 0.4783

04
모집단이 정규분포 $N(m, \sigma^2)$을 따르면 표본평균 $\overline{X}$는 정규분포 $N\left(m, \dfrac{\sigma^2}{n}\right)$을 따른다.

05 모평균이 20, 모표준편차가 4인 정규분포를 따르는 모집단에서 임의추출된 크기 4인 표본의 평균을 $\overline{X}$라고 할 때, $\overline{X}$가 16.08 이상 23.28 이하일 확률을 오른쪽 표준정규분포표를 이용하여 구하여라.

z	$P(0 \leq Z \leq z)$
1.28	0.400
1.64	0.450
1.96	0.475

05
$P(16.08 \leq \overline{X} \leq 23.28)$에서 정규분포를 표준화하여 구한다.

06 어떤 회사에서 생산하는 통조림 한 통의 무게는 평균이 300 g, 표준편차가 10 g인 정규분포를 따른다고 한다. 이 회사의 통조림 25통을 구입하였을 때, 전체 무게가 7.4 kg 이하일 확률을 오른쪽 표준정규분포표를 이용하여 구하여라.

z	$P(0 \leq Z \leq z)$
1.96	0.4750
1.98	0.4761
2.00	0.4772
2.02	0.4783

06
표본평균을 $\overline{X}$라고 하면 $\overline{X}$는 정규분포 $N\left(300, \left(\dfrac{10}{\sqrt{25}}\right)^2\right)$을 따른다.

 14 모평균의 추정

1. 추정

표본의 평균이나 표준편차와 같이 표본으로부터 얻은 자료를 이용하여 모집단의 평균이나 표준편차와 같이 알지 못하는 값을 추측하는 것을 추정이라고 한다.

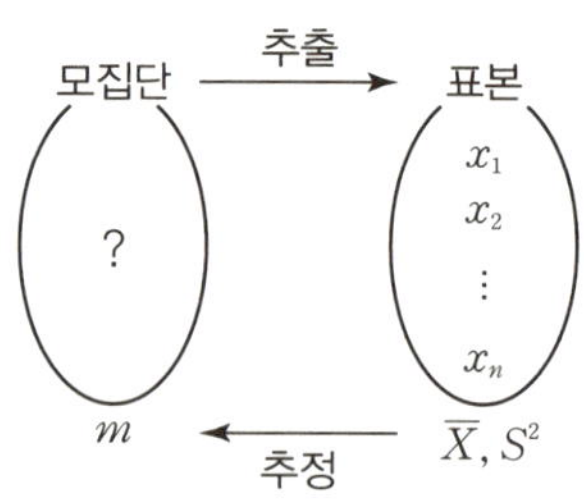

2. 모평균 m의 신뢰구간

정규분포 $N(m, \sigma^2)$을 따르는 모집단에서 크기가 n인 표본을 임의추출할 때, 표본평균 $\overline{X}$의 값이 $\overline{x}$이면 모평균 m의 신뢰구간은 다음과 같다.

(1) 신뢰도 95 %의 신뢰구간

$$\overline{x}-1.96\times\frac{\sigma}{\sqrt{n}}\leq m\leq\overline{x}+1.96\times\frac{\sigma}{\sqrt{n}}$$

(2) 신뢰도 99 %의 신뢰구간

$$\overline{x}-2.58\times\frac{\sigma}{\sqrt{n}}\leq m\leq\overline{x}+2.58\times\frac{\sigma}{\sqrt{n}}$$

3. 신뢰구간의 길이와 오차

상수 k에 대하여 모평균 m의 신뢰구간이 $\overline{x}-k\times\dfrac{\sigma}{\sqrt{n}}\leq m\leq\overline{x}+k\times\dfrac{\sigma}{\sqrt{n}}$일 때

(1) 신뢰구간의 길이: $2k\times\dfrac{\sigma}{\sqrt{n}}$ (2) 최대 오차: $k\times\dfrac{\sigma}{\sqrt{n}}$

■ 신뢰구간의 길이가 짧을수록 더 정밀하다. 하지만 신뢰구간의 길이를 줄이면 신뢰도가 낮아진다.

■ 신뢰도를 높이려고 하면 신뢰구간의 길이가 길어진다. 신뢰도를 유지한 채 신뢰구간의 길이를 줄이는 유일한 방법은 표본의 크기를 늘리는 것뿐이다.

---

01 정규분포 $N(m, 2^2)$을 따르는 모집단에서 크기가 100인 표본을 임의추출할 때, 다음 물음에 답하여라.

(1) 표본평균이 60일 때, 모평균 m의 신뢰도 95 %의 신뢰구간을 구하여라.

(2) 표본평균이 100일 때, 모평균 m의 신뢰도 99 %의 신뢰구간을 구하여라.

01
- 신뢰도 95 %의 신뢰구간
$$\overline{x}-1.96\times\frac{\sigma}{\sqrt{n}}\leq m$$
$$\leq\overline{x}+1.96\times\frac{\sigma}{\sqrt{n}}$$
- 신뢰도 99 %의 신뢰구간
$$\overline{x}-2.58\times\frac{\sigma}{\sqrt{n}}\leq m$$
$$\leq\overline{x}+2.58\times\frac{\sigma}{\sqrt{n}}$$

02 정규분포를 따르는 어느 모집단에서 크기가 100인 표본을 임의추출하여 평균과 표준편차를 조사한 결과 평균이 70, 표준편차가 12일 때, 모평균 m의 신뢰도 99 %의 신뢰구간은 $\alpha\leq m\leq\beta$이다. $\beta-\alpha$의 값을 구하여라.

02
$\alpha\leq m\leq\beta$일 때, $\beta-\alpha$는 신뢰구간의 길이이다.

03 구리의 비중을 측정하는 물리 실험에서 64명의 학생이 측정한 값의 평균은 8, 표준편차는 2.4였다. 구리의 비중 m을 신뢰도 $95\ \%$로 추정하여라.

04 어떤 철공장 제품의 인장강도의 표준편차는 $6\ \mathrm{kg/cm^2}$이다. 이 철공장 제품 중 144개를 임의추출하여 인장강도를 측정하였더니 평균이 $67.80\ \mathrm{kg/cm^2}$이었다. 이 공장 제품의 인장강도의 평균 m을 신뢰도 $95\ \%$로 추정하여라.

05 크기가 n인 표본에서 신뢰도 $99\ \%$로 모평균을 추정할 때, 그 오차를 d라고 하자. 이때 오차가 $\dfrac{d}{2}$가 되려면 표본의 크기 N은 n의 몇 배가 되어야 하는가?

① $\dfrac{1}{4}$배   ② $\dfrac{1}{2}$배   ③ 1배

④ 2배   ⑤ 4배

06 모표준편차가 20인 정규분포를 따르는 모집단의 평균을 신뢰도 $99\ \%$로 추정할 때, 모평균과 표본평균의 차가 6 이하가 되려면 표본의 크기는 n 이상이 되어야 한다. 자연수 n의 최솟값은?

① 70 ② 71 ③ 72

④ 73 ⑤ 74

01

모표준편차가 14인 모집단에서 크기가 n인 표본을 임의추출하여 구한 표본평균을 $\overline{X}$라고 하자. $\sigma(\overline{X})=2$일 때, n의 값은?

① 9   ② 16   ③ 25

④ 36   ⑤ 49

02

잘 나오는 수능 유형

주머니 속에 1의 숫자가 적혀 있는 공 1개, 2의 숫자가 적혀 있는 공 2개, 3개의 숫자가 적혀 있는 공 5개가 들어 있다. 이 주머니에서 임의로 1개의 공을 꺼내어 공에 적혀 있는 수를 확인한 후 다시 넣는다. 이와 같은 시행을 2번 반복할 때, 꺼낸 공에 적혀 있는 수의 평균을 $\overline{X}$라고 하자. $P(\overline{X}=2)$의 값은?

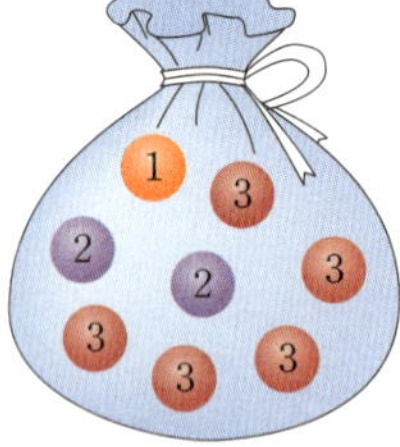

① $\dfrac{5}{32}$ ② $\dfrac{11}{64}$ ③ $\dfrac{3}{16}$

④ $\dfrac{13}{64}$ ⑤ $\dfrac{7}{32}$

03

정규분포 $N(0, 4^2)$을 따르는 모집단에서 크기가 9인 표본을 임의추출하여 구한 표본평균을 $\overline{X}$, 정규분포 $N(3, 2^2)$을 따르는 모집단에서 크기가 16인 표본을 임의추출하여 구한 표본평균을 $\overline{Y}$라고 하자.
$P(\overline{X}\geq 1)=P(\overline{Y}\leq a)$를 만족시키는 상수 a의 값은?

① $\dfrac{19}{8}$ ② $\dfrac{5}{2}$ ③ $\dfrac{21}{8}$

④ $\dfrac{11}{4}$ ⑤ $\dfrac{23}{8}$

04

주머니 속에 1의 숫자가 적혀 있는 공 1개, 3의 숫자가 적혀 있는 공 n개가 들어 있다. 이 주머니에서 임의로 1개의 공을 꺼내어 공에 적혀 있는 수를 확인한 후 다시 넣는다. 이와 같은 시행을 2번 반복하여 얻은 두 수의 평균을 $\overline{X}$라고 하자. $P(\overline{X}=1)=\dfrac{1}{49}$일 때 $E(\overline{X})=\dfrac{q}{p}$이다. $p+q$의 값을 구하여라. (단, p와 q는 서로소인 자연수이다.)

정답과 풀이 p.29

05

<잘 나오는 수능 유형>

어느 공장에서 생산하는 화장품 1개의 내용량은 평균이 201.5 g이고 표준편차가 1.8 g인 정규분포를 따른다고 한다. 이 공장에서 생산한 화장품 중 임의추출한 9개의 화장품 내용량의 표본평균이 200 g 이상일 확률을 오른쪽 표준정규분포표를 이용하여 구한 것은?

z	$P(0 \leq Z \leq z)$
1.0	0.3413
1.5	0.4332
2.0	0.4772
2.5	0.4938

① 0.7745 ② 0.8413 ③ 0.9332

④ 0.9772 ⑤ 0.9938

06

<잘 나오는 수능 유형>

어느 지역의 1인 가구의 월 식료품 구입비는 평균이 45만 원, 표준편차가 8만 원인 정규분포를 따른다고 한다. 이 지역의 1인 가구 중 임의추출한 16가구의 월 식료품 구입비의 표본평균이 44만 원 이상이고 47만 원 이하일 확률을 오른쪽 표준정규분포표를 이용하여 구한 것은?

z	$P(0 \leq Z \leq z)$
0.5	0.1915
1.0	0.3413
1.5	0.4332
2.0	0.4772

① 0.3830 ② 0.5328 ③ 0.6915

④ 0.8185 ⑤ 0.8413

07

<잘 틀리는 수능 유형>

대중교통을 이용하여 출근하는 어느 지역 직장인의 월 교통비는 평균이 8이고 표준편차가 1.2인 정규분포를 따른다고 한다. 대중교통을 이용하여 출근하는 이 지역 직장인 중 임의추출한 n명의 월 교통비의 표본평균을 $\overline{X}$라고 할 때,

$$P(7.76 \leq \overline{X} \leq 8.24) \geq 0.6826$$

이 되기 위한 n의 최솟값을 다음 표준정규분포표를 이용하여 구하여라. (단, 교통비의 단위는 만 원이다.)

z	$P(0 \leq Z \leq z)$
0.5	0.1915
1.0	0.3413
1.5	0.4332
2.0	0.4772

08

<잘 나오는 수능 유형>

정규분포 $N(50, 8^2)$을 따르는 모집단에서 크기가 16인 표본을 임의추출하여 구한 표본평균을 $\overline{X}$, 정규분포 $N(75, \sigma^2)$을 따르는 모집단에서 크기가 25인 표본을 임의추출하여 구한 표본평균을 $\overline{Y}$라고 하자.

$$P(\overline{X} \leq 53) + P(\overline{Y} \leq 69) = 1$$

일 때, $P(\overline{Y} \geq 71)$의 값을 다음 표준정규분포표를 이용하여 구한 것은?

z	$P(0 \leq Z \leq z)$
1.0	0.3413
1.2	0.3849
1.4	0.4192
1.6	0.4452

① 0.8413 ② 0.8644 ③ 0.8849

④ 0.9192 ⑤ 0.9452

09

어느 농가에서 생산하는 석류의 무게는 평균이 m, 표준편차가 40인 정규분포를 따른다고 한다. 이 농가에서 생산하는 석류 중에서 임의추출한 크기가 64인 표본을 조사하였더니 석류 무게의 표본평균의 값이 $\bar{x}$이었다. 이 결과를 이용하여 이 농가에서 생산하는 석류 무게의 평균 m에 대한 신뢰도 99 %의 신뢰구간을 구하면 $\bar{x}-c \leq m \leq \bar{x}+c$이다. c의 값은? (단, 무게의 단위는 g이고, Z가 표준정규분포를 따르는 확률변수일 때 $\mathrm{P}(0 \leq Z \leq 2.58)=0.495$로 계산한다.)

① 25.8   ② 21.5   ③ 17.2

④ 12.9   ⑤ 8.6

10

어느 나라에서 작년에 운행된 택시의 연간 주행거리는 모평균이 m인 정규분포를 따른다고 한다. 이 나라에서 작년에 운행된 택시 중에서 16대를 임의추출하여 구한 연간 주행거리의 표본평균이 $\bar{x}$이고, 이 결과를 이용하여 신뢰도 95 %로 추정한 m에 대한 신뢰구간이 $\bar{x}-c \leq m \leq \bar{x}+c$이었다. 이 나라에서 작년에 운행된 택시 중에서 임의로 1대를 선택할 때, 이 택시의 연간 주행거리가 $m+c$ 이하일 확률을 다음 표준정규분포표를 이용하여 구한 것은?

(단, 주행거리의 단위는 km이다.)

z	$\mathrm{P}(0 \leq Z \leq z)$
0.49	0.1879
0.98	0.3365
1.47	0.4292
1.96	0.4750

① 0.6242   ② 0.6635   ③ 0.6879

④ 0.8365   ⑤ 0.9292

11

어느 회사에서 생산하는 초콜릿 한 개의 무게는 평균이 m, 표준편차가 σ인 정규분포를 따른다고 한다. 이 회사에서 생산하는 초콜릿 중에서 임의추출한 크기가 49인 표본을 조사하였더니 초콜릿 무게의 표본평균의 값이 $\bar{x}$이었다. 이 결과를 이용하여 이 회사에서 생산하는 초콜릿 한 개의 무게의 평균 m에 대한 신뢰도 95 %의 신뢰구간을 구하면 $1.73 \leq m \leq 1.87$이다. $\dfrac{\sigma}{\bar{x}}=k$일 때, $180k$의 값을 구하여라. (단, 무게의 단위는 g이고, Z가 표준정규분포를 따르는 확률변수일 때 $\mathrm{P}(0 \leq Z \leq 1.96)=0.475$로 계산한다.)

12

정규분포 $\mathrm{N}(m, \sigma^2)$을 따르는 모집단에서 표본을 임의추출하여 모평균을 추정하려고 할 때, 다음 중 모평균 m의 신뢰구간에 대한 설명으로 옳은 것만을 |보기|에서 있는 대로 고른 것은?

| 보기 |

ㄱ. 신뢰도를 낮추면서 표본의 크기를 크게 하면 신뢰구간의 길이는 작아진다.

ㄴ. 신뢰도를 낮추면서 표본의 크기를 작게 하면 신뢰구간의 길이는 커진다.

ㄷ. 신뢰도가 일정할 때, 표본의 크기가 작을수록 신뢰구간의 길이는 작아진다.

① ㄱ   ② ㄴ   ③ ㄱ, ㄴ

④ ㄱ, ㄷ   ⑤ ㄱ, ㄴ, ㄷ

고등 풍산자와 함께하면
개념부터 ~ 고난도 문제까지!

어떤 시험 문제도 익숙해집니다!

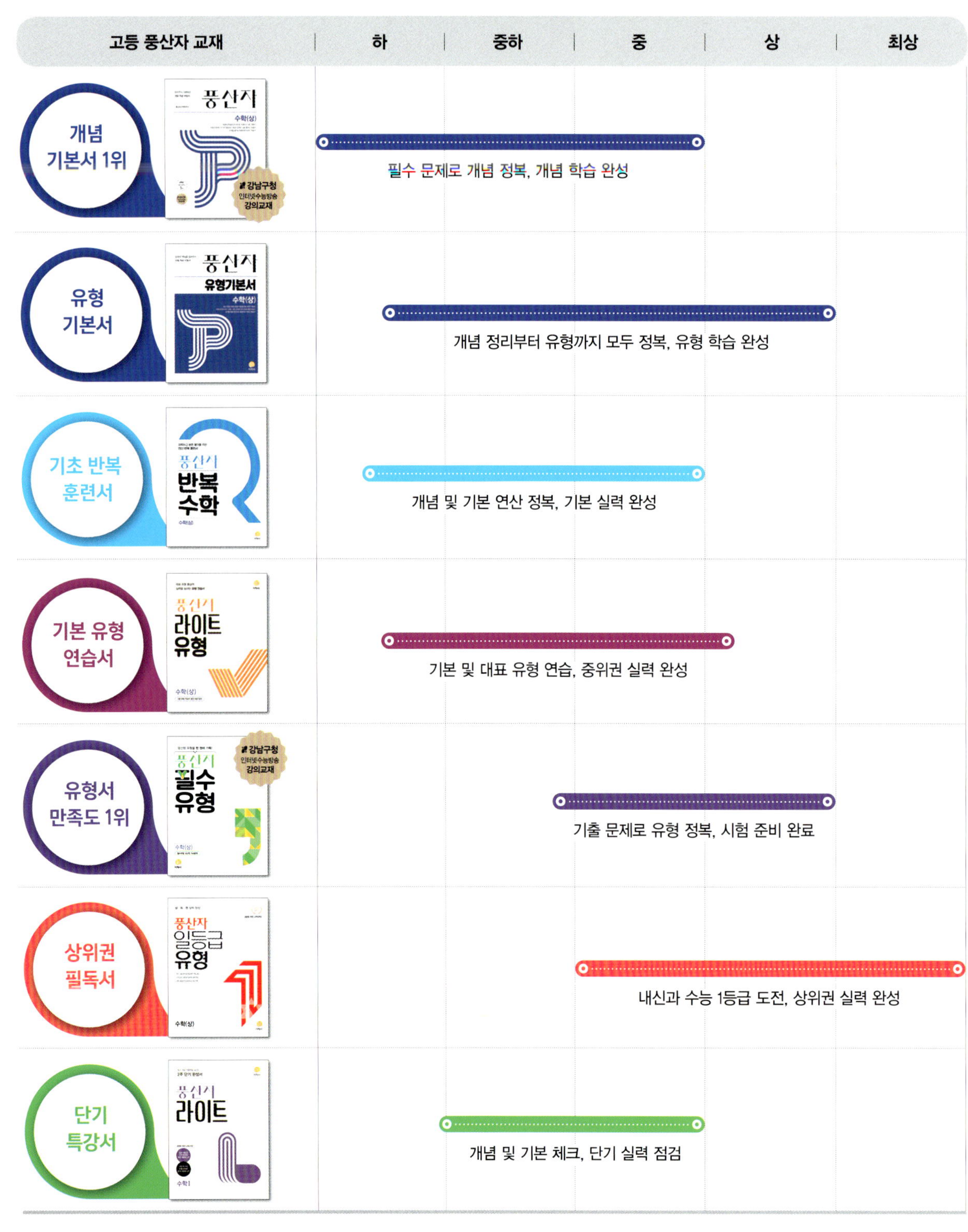

■ 01 여러 가지 순열
p. 06

01 120 **02** 144 **03** 840 **04** ④ **05** 288
06 ③ **07** 240 **08** ⑤

01 $(6-1)!=5!=120$

02 남학생 4명이 원탁에 둘러앉는 경우의 수는
$(4-1)!=3!$
남학생과 남학생 사이의 4개의 자리에 여학생 4명을 앉히는 경우의 수는 $4!$
따라서 구하는 경우의 수는
$3! \times 4!=6 \times 24=144$

03 가운데 작은 원에 색을 칠하는 경우의 수는 7이고, 나머지 6등분한 칸에 칠하는 경우의 수는
$(6-1)!=5!$
따라서 구하는 경우의 수는
$7 \times 5!=7 \times 120=840$

04 구하는 경우의 수는 서로 다른 3명의 후보에서 중복을 허용하여 5명을 택하는 중복순열의 수와 같으므로
$_3\Pi_5=3^5=243$

05 천의 자리의 숫자가 될 수 있는 것은
1, 2, 3의 3개
(i) 네 자리 자연수의 개수
백의 자리, 십의 자리, 일의 자리의 숫자를 택하는 경우의 수는 0, 1, 2, 3의 4개에서 중복을 허용하여 3개를 택하는 중복순열의 수와 같으므로
$_4\Pi_3=4^3=64$
$\therefore a=3 \times 64=192$
(ii) 네 자리 자연수 중 짝수의 개수
일의 자리의 숫자가 될 수 있는 것은 0, 2의 2개
백의 자리, 십의 자리의 숫자를 택하는 경우의 수는 0, 1, 2, 3의 4개에서 중복을 허용하여 2개를 택하는 중복순열의 경우의 수와 같으므로
$_4\Pi_2=4^2=16$
$\therefore b=3 \times 2 \times 16=96$
(i), (ii)에 의하여
$a+b=192+96=288$

06 홀수 번째 자리에 A, A, E, U를 배열하는 경우의 수는
$\dfrac{4!}{2!}=12$
짝수 번째 자리에 M, D, S를 배열하는 경우의 수는
$3!=6$
따라서 구하는 경우의 수는
$12 \times 6=72$

07 6명이 원형으로 둘러앉는 경우의 수는
$(6-1)!=5!=120$
이때 원형으로 둘러앉는 1가지 경우에 대하여 정삼각형 모양의 탁자에서는 다음 그림과 같이 서로 다른 경우가 2가지씩 존재한다.

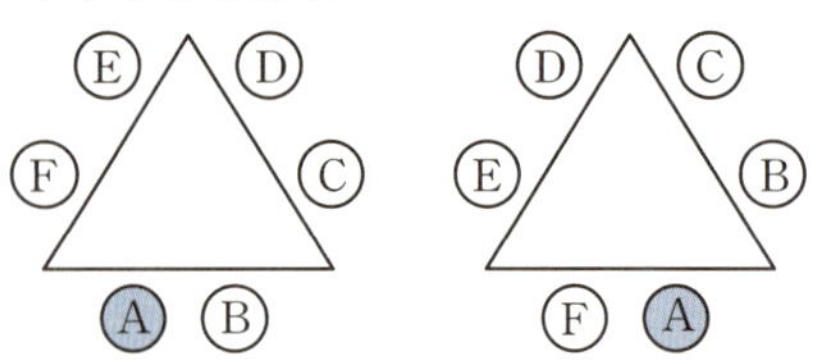

따라서 구하는 경우의 수는
$120 \times 2=240$

> **다른 풀이**

6명의 학생을 일렬로 나열하는 순열의 수는 $6!=720$
이때 정삼각형 모양의 탁자에서는 다음 그림과 같이 서로 같은 경우가 3가지씩 존재한다.

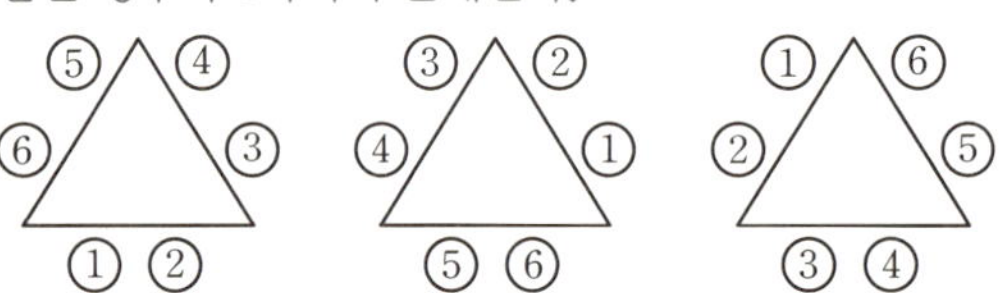

따라서 구하는 경우의 수는
$\dfrac{720}{3}=240$

> **참고**

(원순열의 수)×(서로 다른 기준 위치의 수)
를 이용하면 편리하다.

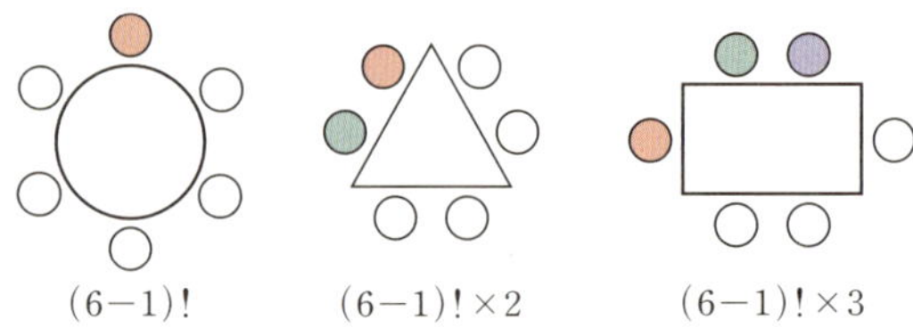

$(6-1)!$ $(6-1)! \times 2$ $(6-1)! \times 3$

08 A 지점에서 P 지점까지 가는 최단 경로의 수는
$\dfrac{4!}{2! \times 2!}=6$
P 지점에서 B 지점까지 가는 최단 경로의 수는
$\dfrac{4!}{3! \times 1!}=4$
따라서 구하는 경우의 수는 $6 \times 4=24$

■ 02 중복조합
p. 08

01 (1) 21 (2) 35 **02** (1) 7 (2) 45 **03** ①
04 36 **05** ⑤ **06** ② **07** (1) 28 (2) 10
08 ⑤

01 (1) $_3H_5=_{3+5-1}C_5=_7C_5=_7C_2=\dfrac{7 \times 6}{2 \times 1}=21$

(2) $_5H_3={}_{5+3-1}C_3={}_7C_3=\dfrac{7\times6\times5}{3\times2\times1}=35$

02 (1) $_4H_0={}_{4+0-1}C_0={}_3C_0=1$

$_6H_1={}_{6+1-1}C_1={}_6C_1=6$

이므로 $_4H_0+{}_6H_1=7$

(2) $_3H_3={}_{3+3-1}C_3={}_5C_3={}_5C_2=10$

$_4H_4={}_{4+4-1}C_4={}_7C_4={}_7C_3=35$

이므로 $_3H_3+{}_4H_4=45$

03 구하는 경우의 수는 서로 다른 4개에서 3개를 택하는 중복조합의 수와 같으므로

$_4H_3={}_{4+3-1}C_3={}_6C_3=\dfrac{6\times5\times4}{3\times2\times1}=20$

04 구하는 경우의 수는 서로 다른 3개에서 7개를 택하는 중복조합의 수와 같으므로

$_3H_7={}_{3+7-1}C_7={}_9C_7={}_9C_2=\dfrac{9\times8}{2\times1}=36$

05 $(a+b+c+d)^5$의 전개식에서 각 항은 4개의 문자 a, b, c, d 중에서 5개를 택하여 곱하면 된다.

따라서 구하는 항의 개수는 4개의 문자 a, b, c, d에서 5개를 택하는 중복조합의 수와 같으므로

$_4H_5={}_{4+5-1}C_5={}_8C_5={}_8C_3=\dfrac{8\times7\times6}{3\times2\times1}=56$

06 먼저 세 명의 학생에게 구슬을 각각 2개씩 나누어 주고, 남은 구슬 4개를 세 명의 학생에게 나누어 주면 된다.

따라서 구하는 경우의 수는 서로 다른 3개에서 4개를 택하는 중복조합의 수와 같으므로

$_3H_4={}_{3+4-1}C_4={}_6C_4={}_6C_2=\dfrac{6\times5}{2\times1}=15$

07 (1) 주어진 방정식에서 음이 아닌 해의 개수는 3개의 문자 x, y, z 중에서 6개를 택하는 중복조합의 수와 같다.

따라서 구하는 해의 개수는

$_3H_6={}_{3+6-1}C_6={}_8C_6={}_8C_2=28$

(2) $x=1+a$, $y=1+b$, $z=1+c$로 놓으면 a, b, c는 모두 음이 아닌 정수이고, 주어진 방정식은

$a+b+c=3$

따라서 구하는 해의 개수는 방정식 $a+b+c=3$에서 a, b, c가 모두 음이 아닌 정수인 해의 개수와 같으므로

$_3H_3={}_{3+3-1}C_3={}_5C_3={}_5C_2=10$

08 a, b, c가 음이 아닌 정수이므로

$a+b+c=3$ 또는 $a+b+c=4$ 또는 $a+b+c=5$

(ⅰ) 방정식 $a+b+c=3$을 만족시키는 음이 아닌 정수 a, b, c의 순서쌍 $(a,\ b,\ c)$의 개수는

$_3H_3={}_{3+3-1}C_3={}_5C_3={}_5C_2=\dfrac{5\times4}{2\times1}=10$

(ⅱ) 방정식 $a+b+c=4$를 만족시키는 음이 아닌 정수 a, b, c의 순서쌍 $(a,\ b,\ c)$의 개수는

$_3H_4={}_{3+4-1}C_4={}_6C_4={}_6C_2=\dfrac{6\times5}{2\times1}=15$

(ⅲ) 방정식 $a+b+c=5$를 만족시키는 음이 아닌 정수 a, b, c의 순서쌍 $(a,\ b,\ c)$의 개수는

$_3H_5={}_{3+5-1}C_5={}_7C_5={}_7C_2=\dfrac{7\times6}{2\times1}=21$

(ⅰ)~(ⅲ)에 의하여 구하는 순서쌍의 개수는

$10+15+21=46$

실력 확인 문제

01 02 p.10

01 48	**02** 60	**03** 48	**04** 64	**05** ①
06 ③	**07** 19	**08** 505	**09** 80	**10** 10
11 34	**12** 4	**13** ②	**14** ③	**15** ④
16 ⑤	**17** 36	**18** ③	**19** ③	**20** ⑤
21 ③	**22** 32	**23** ④		

01 A, B를 하나로 생각하여 서로 다른 5개의 용기를 원형의 실험 기구에 넣는 경우의 수는

$(5-1)!=4!=24$

A와 B의 위치를 서로 바꾸는 경우의 수는

$2!=2$

따라서 구하는 경우의 수는

$24\times2=48$

02 6가지 색을 원형으로 배열하는 경우의 수는

$5!=120$

이때 원형으로 배열하는 1가지 경우에 대하여 다음 그림과 같이 서로 같은 경우가 2가지씩 존재한다.

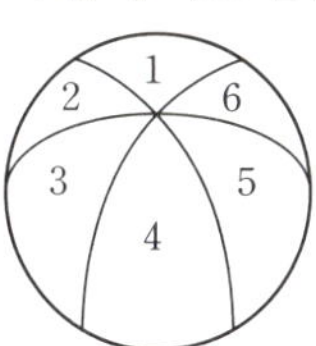 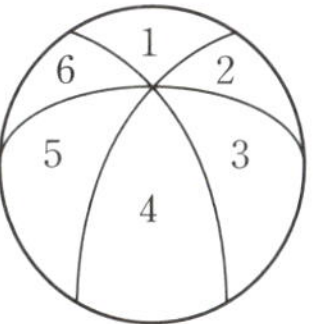

따라서 구하는 경우의 수는

$\dfrac{120}{2}=60$

03 조건 ㈎에 의하여 여학생 2명이 한 조를 구성하고, 남학생 4명이 2명씩 짝지어 한 조를 구성한다.

남학생 4명이 2명씩 짝지어 조를 구성하는 경우의 수는

$_4C_2\times{}_2C_2\times\dfrac{1}{2!}=\dfrac{4\times3}{2\times1}\times1\times\dfrac{1}{2}=3$

2명의 학생과 1개의 빈 자리를 한 조로 생각하면 세 개의 조가 원탁에 둘러앉는 경우의 수는

$(3-1)!=2!=2$

같은 조의 학생끼리 서로 자리를 바꾸는 경우의 수는
$$2! \times 2! \times 2! = 8$$
따라서 구하는 경우의 수는
$$3 \times 2 \times 8 = 48$$

04 구하는 경우의 수는 서로 다른 2개의 동아리에서 6개를 택하는 중복순열의 수와 같으므로
$$_2\Pi_6 = 2^6 = 64$$

05 구하는 경우의 수는 4명의 학생 A, B, C, D에서 5명을 택하는 중복순열의 수와 같으므로
$$_4\Pi_5 = 4^5 = 1024$$

06 자연수가 5의 배수이기 위해서는 일의 자리 숫자가 5 또는 0이어야 한다.
그런데 택할 수 있는 숫자는 1, 2, 3, 4, 5이므로 조건에 알맞게 만든 네 자리 자연수의 일의 자리 숫자는 5뿐이다.
이때 나머지 세 자리에 들어갈 수 있는 숫자는 모두 5개씩이다.
따라서 구하는 경우의 수는 1, 2, 3, 4, 5의 5개에서 3개를 택하는 중복순열의 수와 같으므로
$$_5\Pi_3 = 5^3 = 125$$

07 (i) 0을 한 개 포함하는 자연수
한 자리 자연수는 없다.
두 자리 자연수는 10, 20, $\cdots$, 90의 9개
세 자리 자연수는 □0□ 또는 □□0의 꼴이므로 각 경우에 대하여 서로 다른 9개의 숫자에서 2개를 택하는 중복순열의 수와 같다.
$$2 \times {}_9\Pi_2 = 162(개)$$
$$\therefore a = 9 + 2 \times 9^2 = 171$$

(ii) 0을 두 개 포함하는 자연수
한 자리 자연수 또는 두 자리 자연수는 없다.
세 자리 자연수는 100, 200, $\cdots$, 900의 9개
$$\therefore b = 9$$

(i), (ii)에 의하여 $\dfrac{a}{b} = \dfrac{171}{9} = 19$

08 집합 X에서 Y로의 함수의 개수는 집합 Y의 원소 3, 4, 5, 6, 7의 5개에서 4개를 택하는 중복순열의 수와 같으므로
$$a = {}_5\Pi_4 = 5^4 = 625$$
집합 X에서 Y로의 일대일함수의 개수는 집합 Y의 원소 3, 4, 5, 6, 7의 5개에서 4개를 택하는 순열의 수와 같으므로
$$b = {}_5P_4 = 120$$
$$\therefore a - b = 505$$

09
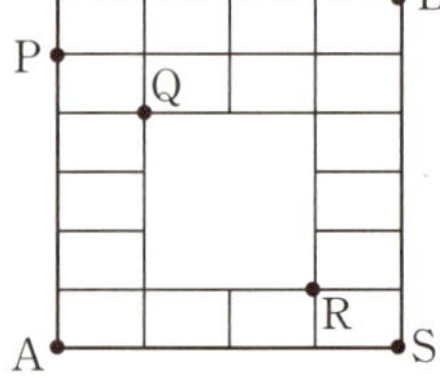

위의 그림과 같이 네 지점 P, Q, R, S를 잡으면 A 지점에서 B 지점까지 가는 최단 경로는
A→P→B, A→Q→B,
A→R→B, A→S→B

(i) A→P→B로 가는 경우의 수: $1 \times \dfrac{5!}{4! \times 1!} = 5$

(ii) A→Q→B로 가는 경우의 수:
$$\dfrac{5!}{1! \times 4!} \times \dfrac{5!}{3! \times 2!} = 50$$

(iii) A→R→B로 가는 경우의 수:
$$\dfrac{4!}{3! \times 1!} \times \dfrac{6!}{1! \times 5!} = 24$$

(iv) A→S→B로 가는 경우의 수: $1 \times 1 = 1$

(i)~(iv)에 의하여 구하는 최단 경로의 수는
$$5 + 50 + 24 + 1 = 80$$

10 1, 2, 3의 순서가 정해져 있으므로 1, 2, 3을 모두 a로 생각하여 a, a, a, 4, 4를 일렬로 배열한 후 첫 번째 a는 1, 두 번째 a는 2, 세 번째 a는 3으로 바꾸면 된다.
따라서 구하는 경우의 수는
$$\dfrac{5!}{3! \times 2!} = 10$$

11 한걸음에 1단을 a회, 2단을 b회 오른다면
$$a + 2b = 8 \text{ (단, } a, b\text{는 음이 아닌 정수)}$$
(i) $a=8$, $b=0$일 때, 경우의 수는 1
(ii) $a=6$, $b=1$일 때, 1단 6개, 2단 1개를 일렬로 나열하는 경우의 수이므로
$$\dfrac{7!}{6! \times 1!} = 7$$
(iii) $a=4$, $b=2$일 때, 1단 4개, 2단 2개를 일렬로 나열하는 경우의 수이므로
$$\dfrac{6!}{4! \times 2!} = 15$$
(iv) $a=2$, $b=3$일 때, 1단 2개, 2단 3개를 일렬로 나열하는 경우의 수이므로
$$\dfrac{5!}{2! \times 3!} = 10$$
(v) $a=0$, $b=4$일 때, 경우의 수는 1
(i)~(v)에 의하여 구하는 경우의 수는
$$1 + 7 + 15 + 10 + 1 = 34$$

12 구하는 경우의 수는 서로 다른 두 우체통 A, B에서 3개를 택하는 중복조합의 수와 같으므로
$$_2H_3 = {}_4C_3 = 4$$

13 구하는 경우의 수는 서로 다른 3가지 종류의 볼펜에서 5개를 택하는 중복조합의 수와 같으므로

$${}_3H_5={}_7C_5={}_7C_2=\frac{7\times6}{2\times1}=21$$

14 빨간색 공, 노란색 공, 파란색 공을 각각 1개씩 꺼내고, 나머지 3개의 공을 꺼내면 된다.
따라서 구하는 경우의 수는 서로 다른 3개에서 3개를 택하는 중복조합의 수와 같으므로

$${}_3H_3={}_5C_3={}_5C_2=\frac{5\times4}{2\times1}=10$$

15 4명의 아이에게 사탕을 각각 1개씩 나누어 주고, 나머지 8개의 사탕을 4명의 아이에게 나누어 주면 된다.
따라서 구하는 경우의 수는 서로 다른 4개에서 8개를 택하는 중복조합의 수와 같으므로

$${}_4H_8={}_{11}C_8={}_{11}C_3=\frac{11\times10\times9}{3\times2\times1}=165$$

16 (ⅰ) 같은 종류의 주스 4병을 3명에게 남김없이 나누어 주는 경우의 수는

$${}_3H_4={}_6C_4={}_6C_2=\frac{6\times5}{2\times1}=15$$

(ⅱ) 같은 종류의 생수 2병을 3명에게 남김없이 나누어 주는 경우의 수는

$${}_3H_2={}_4C_2=\frac{4\times3}{2\times1}=6$$

(ⅲ) 우유 1병을 3명에게 나누어 주는 경우의 수는

$${}_3H_1={}_3C_1=3$$

(ⅰ)~(ⅲ)에 의하여 구하는 경우의 수는

$$15\times6\times3=270$$

17 (ⅰ) 사과를 0개 선택하는 경우
감, 배, 귤을 각각 1개씩 선택하고, 나머지 5개의 과일을 감, 배, 귤 중에서 선택하면 된다. 따라서 경우의 수는

$${}_3H_5={}_7C_5={}_7C_2=\frac{7\times6}{2\times1}=21$$

(ⅱ) 사과를 1개 선택하는 경우
감, 배, 귤을 각각 1개씩 선택하고, 나머지 4개의 과일을 감, 배, 귤 중에서 선택하면 된다. 따라서 경우의 수는

$${}_3H_4={}_6C_4={}_6C_2=\frac{6\times5}{2\times1}=15$$

(ⅰ), (ⅱ)에 의하여 구하는 경우의 수는

$$21+15=36$$

18 주어진 부등식을 만족시키는 순서쌍 $(|a|,\ |b|,\ |c|)$의 개수는 1, 2, 3, 4, 5의 5개에서 3개를 택하는 중복조합의 수와 같으므로

$${}_5H_3={}_7C_3=\frac{7\times6\times5}{3\times2\times1}=35$$

이때 a, b, c는 각각 음의 값과 양의 값을 가지므로 $|a|$,

$|b|$, $|c|$의 값이 하나로 결정되면 그 각각에 대하여 a, b, c의 값은 2가지씩 있다.
따라서 구하는 순서쌍 $(a,\ b,\ c)$의 개수는

$$35\times2\times2\times2=280$$

19 주어진 조건을 만족시키려면 집합 X의 원소 중 중복을 허용하여 4개에서 3개를 택하고 작은 수부터 차례대로 $f(1)$, $f(2)$, $f(3)$에 대응시키면 된다.
따라서 구하는 함수 f의 개수는 서로 다른 4개에서 3개를 택하는 중복조합의 수와 같으므로

$${}_4H_3={}_6C_3=\frac{6\times5\times4}{3\times2\times1}=20$$

20 사탕 5개를 1개 이상씩 세 묶음으로 나누는 경우는
1, 2, 2 또는 1, 1, 3
(ⅰ) 1, 2, 2인 경우
사탕을 나누어 주는 경우의 수는

$${}_3C_1=3$$

이때 1명에게 초콜릿 5개를 주는 경우의 수는 1
(ⅱ) 1, 1, 3인 경우
사탕을 나누어 주는 경우의 수는

$${}_3C_2=3$$

이때 2명에게 초콜릿 5개를 1개 이상씩 나누어 주는 경우의 수는 서로 다른 2개에서 3개를 택하는 중복조합의 수와 같으므로

$${}_2H_3={}_4C_3=4$$

(ⅰ), (ⅱ)에 의하여 구하는 경우의 수는

$$3\times1+3\times4=15$$

21 (ⅰ) $z=0$일 때, 방정식 $x+y=6$을 만족시키는 음이 아닌 정수 x, y의 순서쌍 $(x,\ y)$의 개수는

$${}_2H_6={}_7C_6={}_7C_1=7$$

(ⅱ) $z=1$일 때, 방정식 $x+y=4$를 만족시키는 음이 아닌 정수 x, y의 순서쌍 $(x,\ y)$의 개수는

$${}_2H_4={}_5C_4={}_5C_1=5$$

(ⅲ) $z=2$일 때, 방정식 $x+y=2$를 만족시키는 음이 아닌 정수 x, y의 순서쌍 $(x,\ y)$의 개수는

$${}_2H_2={}_3C_2={}_3C_1=3$$

(ⅳ) $z=3$일 때, 방정식 $x+y=0$을 만족시키는 음이 아닌 정수 x, y의 순서쌍 $(x,\ y)$의 개수는 $(0,\ 0)$의 1
(ⅰ)~(ⅳ)에 의하여 구하는 순서쌍 $(x,\ y,\ z)$의 개수는

$$7+5+3+1=16$$

22 [1단계]
조건 ㈎를 만족시키는 순서쌍 $(a,\ b,\ c)$의 개수는

$${}_3H_7={}_9C_7={}_9C_2=\frac{9\times8}{2\times1}=36$$

[2단계]
조건 ㈏에서 $2^a\times4^b=2^{a+2b}$이므로 8의 배수가 될 수 없는

경우는

$a+2b=0$ 또는 $a+2b=1$ 또는 $a+2b=2$

따라서 조건 (나)를 만족시키지 않는 음이 아닌 정수 a, b의

순서쌍 (a, b)는

$a+2b=0$일 때, $(0, 0)$의 1개

$a+2b=1$일 때, $(1, 0)$의 1개

$a+2b=2$일 때, $(0, 1)$, $(2, 0)$의 2개

따라서 구하는 순서쌍의 개수는

$36-(1+1+2)=32$

23 주어진 조건을 만족시키는 자연수의 개수는 방정식

$a+b+c+d=7$을 만족시키는 0이 아닌 정수 a, b, c, d

의 순서쌍 (a, b, c, d)의 개수와 같다.

이때 $a\geq1$, $b\geq1$, $c\geq1$, $d\geq1$이므로

$a=1+a'$, $b=1+b'$, $c=1+c'$, $d=1+d'$으로 놓으면

$(1+a')+(1+b')+(1+c')+(1+d')=7$

$\therefore a'+b'+c'+d'=3$ (단, a', b', c', d'은 음이 아닌 정수)

따라서 구하는 자연수의 개수는 a', b', c', d'의 4개의 문

자에서 3개를 택하는 중복조합의 수와 같으므로

$_4H_3=\,_6C_3=\dfrac{6\times5\times4}{3\times2\times1}=20$

▣ 03 이항정리
p. 14

01 120	**02** ④	**03** $16x^4-32x^3+24x^2-8x+1$	
04 ④	**05** ①	**06** 2	**07** 30

01 $(a+b)^{10}$의 전개식에서 a^7b^3의 계수는

$_{10}C_3=\dfrac{10\times9\times8}{3\times2\times1}=120$

> **다른 풀이**

$(a+b)^{10}$의 전개식의 일반항은 $_{10}C_r a^{10-r}b^r$

$a^{10-r}b^r=a^7b^3$에서 $r=3$

따라서 a^7b^3의 계수는 $_{10}C_3=120$

02 $(x+ay)^7$의 전개식에서 x^4y^3항은

$_7C_3 x^4(ay)^3=35a^3x^4y^3$

이때 x^4y^3의 계수가 -280이므로

$35a^3=-280$, $a^3=-8$

$\therefore a=-2$

> **참고**

지수의 확장 (실수)$^0=1$을 적용하면 $(x+ay)^7$의 전개식

의 일반항은

$_7C_r x^{7-r}(ay)^r=\,_7C_r a^r x^{7-r}y^r$

03 $(2x-1)^4=\,_4C_0(2x)^4+\,_4C_1(2x)^3(-1)+\,_4C_2(2x)^2(-1)^2$

$\qquad\qquad\qquad+\,_4C_3 2x(-1)^3+\,_4C_4\times(-1)^4$

$\quad=16x^4-4\times8x^3+6\times4x^2-4\times2x+1$

$\quad=16x^4-32x^3+24x^2-8x+1$

04 $\left(x+\dfrac{1}{3x}\right)^6$의 전개식의 일반항은

$_6C_r x^{6-r}\left(\dfrac{1}{3x}\right)^r=\,_6C_r x^{6-r}\times\dfrac{1}{3^r x^r}$

$\qquad\qquad\qquad=\dfrac{_6C_r}{3^r}\times\dfrac{x^{6-r}}{x^r}$

$\dfrac{x^{6-r}}{x^r}=x^2$에서 $6-r-r=2$ $\quad\therefore r=2$

따라서 x^2의 계수는

$\dfrac{_6C_2}{3^2}=\dfrac{1}{9}\times\dfrac{6\times5}{2\times1}=\dfrac{5}{3}$

> **참고**

a가 0이 아닌 실수이고 m, n이 자연수일 때,

$$\dfrac{a^m}{a^n}=\begin{cases}a^{m-n} & (m>n)\\ 1 & (m=n)\\ \dfrac{1}{a^{n-m}} & (m<n)\end{cases}$$

05 $(x+2)^n$의 전개식의 일반항은

$_nC_r x^{n-r}2^r$

이때 상수항인 경우는 $r=n$인 경우이므로 상수항은

$_nC_n 2^n=2^n$

$2^n=16$이므로 $n=4$

따라서 $(x+2)^4$의 전개식의 일반항은

$_4C_r x^{4-r}2^r$

x의 계수는 $4-r=1$, 즉 $r=3$인 경우이므로

$_4C_3\times2^3=32$

06 $\left(x+\dfrac{a}{x}\right)^7$의 전개식의 일반항은

$_7C_r x^{7-r}\left(\dfrac{a}{x}\right)^r=a^r\times\,_7C_r\dfrac{x^{7-r}}{x^r}$

$\dfrac{x^{7-r}}{x^r}=x^3$에서 $7-r-r=3$ $\quad\therefore r=2$

이때 x^3의 계수는 84이므로

$a^2\times\,_7C_2=84$에서 $21a^2=84$, $a^2=4$

$\therefore a=2$ $(\because a>0)$

07 $(a+b+c)^5$의 전개식에서 ab^2c^2의 계수는

$\dfrac{5!}{1!\times2!\times2!}=30$

> **다른 풀이**

$\{(a+b)+c\}^5$의 전개식에서 c^2을 포함하는 항은

$_5C_2(a+b)^3c^2$

또, $(a+b)^3$의 전개식에서 b^2을 포함하는 항은

$_3C_2 ab^2$

따라서 ab^2c^2의 계수는

$_5C_2\times\,_3C_2=\dfrac{5!}{3!\times2!}\times\dfrac{3!}{2!\times1!}=10\times3=30$

O1 (1) 64 (2) 0 **O2** 9 **O3** ② **O4** ④
O5 ② **O6** ③ **O7** 25

O1 이항정리를 이용하여 $(1+x)^n$을 전개하면
$$(1+x)^n={}_nC_0+{}_nC_1x+{}_nC_1x^2+\cdots+{}_nC_nx^n \quad\cdots\cdots ㉠$$
(1) ㉠에 $n=6$, $x=1$을 대입하면
$$(1+1)^6={}_6C_0+{}_6C_1+{}_6C_2+\cdots+{}_6C_6=64$$
(2) ㉠에 $n=7$, $x=-1$을 대입하면
$$0={}_7C_0-{}_7C_1+{}_7C_2-\cdots+{}_7C_6-{}_7C_7$$

O2 ${}_{n-1}C_4+{}_{n-1}C_5={}_nC_5$이므로
$${}_nC_4={}_nC_5$$
즉, ${}_nC_{n-4}={}_nC_5$이므로
$$n-4=5 \quad\therefore n=9$$

O3 ${}_2C_0+{}_3C_1+{}_4C_2+{}_5C_3+\cdots+{}_{10}C_8$
$={}_3C_0+{}_3C_1+{}_4C_2+{}_5C_3+\cdots+{}_{10}C_8 \ (\because {}_2C_0={}_3C_0)$
$={}_4C_1+{}_4C_2+{}_5C_3+\cdots+{}_{10}C_8$
$={}_5C_2+{}_5C_3+\cdots+{}_{10}C_8$
$\qquad\qquad\vdots$
$={}_{10}C_7+{}_{10}C_8$
$={}_{11}C_8={}_{11}C_3$

O4 ${}_3C_3+{}_4C_3+{}_5C_3+{}_6C_3+\cdots+{}_{10}C_3$
$={}_4C_4+{}_4C_3+{}_5C_3+{}_6C_3+\cdots+{}_{10}C_3 \ (\because {}_3C_3={}_4C_4)$
$={}_5C_4+{}_5C_3+{}_6C_3+\cdots+{}_{10}C_3$
$={}_6C_4+{}_6C_3+\cdots+{}_{10}C_3$
$\qquad\qquad\vdots$
$={}_{10}C_4+{}_{10}C_3={}_{11}C_4$

O5 ${}_nC_0+{}_nC_1+{}_nC_2+\cdots+{}_nC_n=2^n$에서
$${}_nC_1+{}_nC_2+{}_nC_3+\cdots+{}_nC_n=2^n-1$$
이므로 주어진 부등식은
$$200<2^n-1<2000$$
$$\therefore 201<2^n<2001 \quad\cdots\cdots ㉠$$
이때 $2^7=128$, $2^8=256$, $2^9=512$, $2^{10}=1024$, $2^{11}=2048$
이므로 ㉠을 만족시키는 자연수 n의 개수는 8, 9, 10의 3
이다.

O6 ${}_nC_0+{}_nC_2+{}_nC_4+\cdots+{}_nC_n=2^{n-1}$이므로
$$2^{n-1}=128, \ 2^{n-1}=2^7$$
$$\therefore n=8$$

O7 ${}_nC_0+{}_nC_1+{}_nC_2+{}_nC_3+\cdots+{}_nC_n=2^n$이므로
$${}_nC_1+{}_nC_2+{}_nC_3+\cdots+{}_nC_n=2^n-1$$

$n=1$일 때, $2^1-1=1$
$n=2$일 때, $2^2-1=3$
$n=3$일 때, $2^3-1=7$
$n=4$일 때, $2^4-1=15$
$\qquad\vdots$
즉, $n=2, 4, 6, \cdots$, 50일 때 2^n-1이 3의 배수가 되므로
${}_nC_1+{}_nC_2+{}_nC_3+\cdots+{}_nC_n$의 값이 3의 배수가 되도록 하
는 50 이하의 자연수 n의 개수는 25이다.

O1 210 **O2** ⑤ **O3** ① **O4** 256 **O5** ②
O6 ① **O7** 165 **O8** 161 **O9** ④ **10** ①

O1 $(1+x)^{10}$의 전개식에서 x^4의 계수는
$${}_{10}C_4=\frac{10\times9\times8\times7}{4\times3\times2\times1}=210$$

O2 $\left(x+\dfrac{2}{x}\right)^8$의 전개식의 일반항은
$${}_8C_rx^{8-r}\left(\frac{2}{x}\right)^r=2^r\times{}_8C_r\frac{x^{8-r}}{x^r}$$
$\dfrac{x^{8-r}}{x^r}=x^4$에서 $8-r-r=4 \quad\therefore r=2$
따라서 x^4의 계수는
$$2^2\times{}_8C_2=4\times28=112$$

O3 $(x+3)^n$의 전개식의 일반항은 ${}_nC_rx^{n-r}3^r$
이때 상수항인 경우는 $r=n$인 경우이므로 상수항은
$${}_nC_n\times3^n=81$$
$$\therefore n=4$$
따라서 $(x+3)^4$의 전개식의 일반항은 ${}_4C_rx^{4-r}3^r$
x의 계수는 $4-r=1$, 즉 $r=3$인 경우이므로
$${}_4C_3\times3^3=4\times27=108$$

다른 풀이
$(x+3)^n$의 전개식에서 상수항은 3^n이므로
$3^n=81$에서 $n=4$
$(x+3)^4=\{(x+3)^2\}^2=(x^2+6x+9)^2$에서 x항은
$2\times6x\times9=108x$이므로 x의 계수는 108이다.

O4 $(1+i)^{16}={}_{16}C_0+{}_{16}C_1i+{}_{16}C_2i^2+{}_{16}C_3i^3+\cdots+{}_{16}C_{16}i^{16}$
$={}_{16}C_0+{}_{16}C_1i-{}_{16}C_2-{}_{16}C_3i+\cdots+{}_{16}C_{16}$
$={}_{16}C_0-{}_{16}C_2+\cdots-{}_{16}C_{14}+{}_{16}C_{16}$
$\qquad+({}_{16}C_1-{}_{16}C_3+{}_{16}C_5-\cdots+{}_{16}C_{13}-{}_{16}C_{15})i$
이므로 ${}_{16}C_0-{}_{16}C_2+{}_{16}C_4+{}_{16}C_6+\cdots-{}_{16}C_{14}+{}_{16}C_{16}$은
$(1+i)^{16}$의 실수부분이다. 이때
$(1+i)^2=2i$, $(1+i)^4=(2i)^2=-4$,

$(1+i)^8=(-4)^2=16$, $(1+i)^{16}=16^2=256$

이므로

$_{16}C_0-_{16}C_2+\cdots-_{16}C_{14}+_{16}C_{16}=256$

05 $_{10}C_0-_{10}C_1+_{10}C_2-_{10}C_3+\cdots-_{10}C_9+_{10}C_{10}=0$

이므로

$$_{10}C_1-_{10}C_2+_{10}C_3-\cdots+_{10}C_9=_{10}C_0+_{10}C_{10}$$
$$=1+1=2$$

06 $(x-2)^3$의 전개식의 일반항은

$_3C_r x^{3-r}(-2)^r$

$(2x+1)^4$의 전개식의 일반항은

$_4C_s(2x)^{4-s}$

따라서 $(x-2)^3(2x+1)^4$의 전개식의 일반항은

$_3C_r x^{3-r}(-2)^r {}_4C_s(2x)^{4-s}$

$=_3C_r \times {}_4C_s \times (-2)^r \times 2^{4-s} \times x^{7-r-s}$

이때 x의 계수는 $7-r-s=1$일 때이므로

$r+s=6$

이고, $r\leq3$, $s\leq4$이므로

$r=2$, $s=4$ 또는 $r=3$, $s=3$

(i) $r=2$, $s=4$일 때, x의 계수는

$_3C_2 \times {}_4C_4 \times (-2)^2 \times 2^0=12$

(ii) $r=3$, $s=3$일 때, x의 계수는

$_3C_3 \times {}_4C_3 \times (-2)^3 \times 2=-64$

(i), (ii)에 의하여 x의 계수는

$12-64=-52$

07 $k\geq2$일 때, $(1+x^2)^k$의 전개식에서 x^4의 계수는 $_kC_2$이다.

이때 주어진 식의 전개식에서 x^4의 계수는 각 항의 전개식에서의 x^4의 계수의 합과 같으므로

$_2C_2+_3C_2+_4C_2+\cdots+_{10}C_2$

$=_3C_3+_3C_2+_4C_2+\cdots+_{10}C_2$

$=_4C_3+_4C_2+\cdots+_{10}C_2$

$\vdots$

$=_{10}C_3+_{10}C_2$

$=_{11}C_3=\dfrac{11\times10\times9}{3\times2\times1}=165$

08

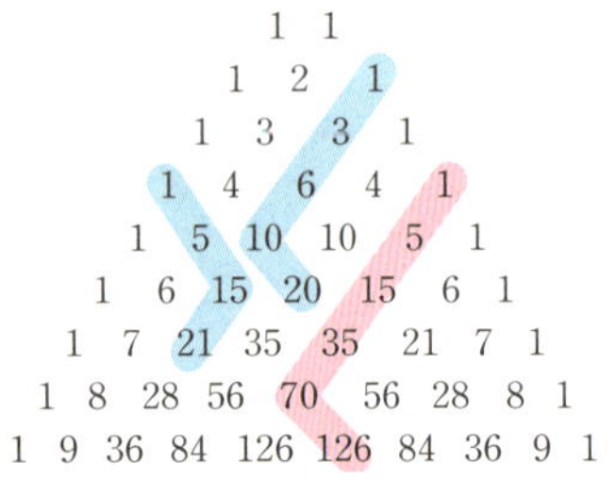

$$\begin{array}{ccccccccccc}
&&&&&1&&1&&&\\
&&&&1&&2&&1&&\\
&&&1&&3&&3&&1&\\
&&1&&4&&6&&4&&1\\
&1&&5&&10&&10&&5&&1\\
1&&6&&15&&20&&15&&6&&1
\end{array}$$

$1\ 7\ 21\ 35\ 35\ 21\ 7\ 1$

$1\ 8\ 28\ 56\ 70\ 56\ 28\ 8\ 1$

$1\ 9\ 36\ 84\ 126\ 126\ 84\ 36\ 9\ 1$

위의 그림에서 $1+5+15+35+70=126$

따라서 $A=35$, $B=126$이므로 $A+B=161$

파스칼의 삼각형에서

(1) 각 단계의 양 끝에 있는 수는 모두 1이다.

　　$\Rightarrow {}_nC_0=1$, $_nC_n=1$

(2) 각 단계의 수의 배열은 좌우 대칭이다.

　　$\Rightarrow {}_nC_r=_nC_{n-r}$

(3) 각 단계의 수는 그 윗 단계의 이웃하는 두 수의 합이다.

　　$\Rightarrow {}_nC_r=_{n-1}C_{r-1}+_{n-1}C_r$

09 $(1+x)^n=_nC_0+_nC_1x+_nC_2x^2+\cdots+_nC_nx^n$

이므로 이 식에 $x=2$, $n=10$을 대입하면

$3^{10}=_{10}C_0+2\times{}_{10}C_1+2^2\times{}_{10}C_2+\cdots+2^{10}\times{}_{10}C_{10}$

10 $(x+a^2)^n$의 전개식에서 일반항은 $_nC_r x^{n-r}(a^2)^r$이므로

x^{n-1}의 계수는 $r=1$일 때 $_nC_1a^2=a^2n$이다.

$(x^2-2a)(x+a)^n=x^2(x+a)^n-2a(x+a)^n$이므로

x^{n-1}의 계수는 $(x+a)^n$의 전개식에서 x^{n-3}의 계수와

$2a(x+a)^n$의 전개식에서 x^{n-1}의 계수를 구하면 된다.

$(x+a)^n$의 전개식에서 일반항은 $_nC_r x^{n-r}a^r$이므로 x^{n-3}의

계수는 $r=3$일 때

$$_nC_3 \times a^3=\boxed{\dfrac{n(n-1)(n-2)}{6}}\times a^3$$

$2a(x+a)^n$의 전개식에서 x^{n-1}의 계수는

$2a\times(_nC_1\times a)=2a^2n$

따라서 $(x^2-2a)(x+a)^n$의 전개식에서 x^{n-1}의 계수는

$$\boxed{\dfrac{n(n-1)(n-2)}{6}}\times a^3-2a^2n$$

그러므로

$$a^2n=\boxed{\dfrac{n(n-1)(n-2)}{6}}\times a^3-2a^2n$$

이고, 이 식을 정리하면

$18a^2n=n(n-1)(n-2)a^3$

이때 $n\geq4$이고 a는 자연수이므로 위 식의 양변을 a^2n으로 나누어 a를 n에 관한 식으로 나타내면

$18=(n-1)(n-2)a$

$\therefore a=\boxed{\dfrac{18}{(n-1)(n-2)}}$

여기서 a는 자연수이므로 $(n-1)(n-2)$는 18의 약수이어야 한다. 한편, n은 4 이상의 자연수이므로

$(n-1)(n-2)\geq6$

따라서 18의 약수 중 $(n-1)(n-2)$의 값이 될 수 있는 수는 6, 9, 18이다.

(i) $(n-1)(n-2)=6$일 때,

　　$n^2-3n+2=6$, $n^2-3n-4=0$

　　$(n+1)(n-4)=0$

　　$\therefore n=-1$ 또는 $n=4$

　　이때 $n\geq4$이어야 하므로 $n=4$

(ii) $(n-1)(n-2)=9$일 때,

$n^2-3n+2=9$, $n^2-3n-7=0$

$\therefore n=\dfrac{3\pm\sqrt{37}}{2}$

이때 자연수 n의 값은 존재하지 않는다.

(iii) $(n-1)(n-2)=18$일 때,

$n^2-3n+2=18$, $n^2-3n-16=0$

$\therefore n=\dfrac{3\pm\sqrt{73}}{2}$

이때 자연수 n의 값은 존재하지 않는다.

(i)~(iii)에 의하여

$n=\boxed{4}$

따라서 $f(n)=\dfrac{n(n-1)(n-2)}{6}$, $g(n)=(n-1)(n-2)$,

$k=4$이므로

$$f(4)+g(4)=\dfrac{4\times3\times2}{6}+3\times2$$
$$=4+6=10$$

■ 05 확률의 뜻
p. 20

01 $\dfrac{1}{15}$　　**02** $\dfrac{2}{5}$　　**03** $\dfrac{7}{15}$　　**04** ①　　**05** ②

06 4　　**07** 7개

01 자동차 30000대 중 한국에서 생산된 자동차는 2000대이므로 구하는 확률은

$$\dfrac{2000}{30000}=\dfrac{1}{15}$$

02 5명을 일렬로 세우는 경우의 수는

$5!$

A, B가 이웃하여 서는 경우의 수는 A, B를 한 사람으로 생각하여 4명을 일렬로 세우는 경우의 수는 $4!$이고, A, B가 서로 자리를 바꾸는 경우의 수는 $2!$이므로

$4!\times2!$

따라서 구하는 확률은

$$\dfrac{4!\times2!}{5!}=\dfrac{2}{5}$$

03 10개 중 2개의 과일을 고르는 경우의 수는

$_{10}\mathrm{C}_2=45$

사과 7개 중 2개를 고르는 경우의 수는

$_7\mathrm{C}_2=21$

따라서 구하는 확률은

$$\dfrac{21}{45}=\dfrac{7}{15}$$

04 5번째 시행에서 시행을 멈추려면 4번째 시행까지 짝수가 적힌 공이 2번, 홀수가 적힌 공이 2번 나온 다음 5번째에 짝수가 적힌 공이 나와야 한다.

7개의 공 중에서 4개를 꺼내는 경우의 수는

$_7\mathrm{C}_4=35$

짝수, 홀수가 적힌 공을 각각 2개씩 꺼내는 경우의 수는

$_3\mathrm{C}_2\times_4\mathrm{C}_2=18$

따라서 4번째 시행까지 짝수, 홀수가 적힌 공이 각각 2번씩 나올 확률은

$\dfrac{18}{35}$

이때 5번째 시행에서 짝수가 적힌 공을 꺼낼 확률이 $\dfrac{1}{3}$이므로 구하는 확률은

$$\dfrac{18}{35}\times\dfrac{1}{3}=\dfrac{6}{35}$$

4번의 시행까지 짝수, 홀수가 적힌 공이 각각 2개씩 나오면 되므로 4번의 시행에서 나오는 숫자의 순서는 생각하지 않아도 된다.

05 모든 경우에 해당하는 영역은 한 변의 길이가 2인 정사각형의 내부이므로 그 영역의 넓이는

$2\times2=4$

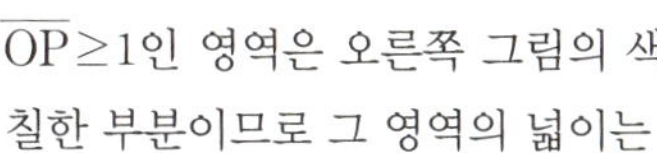

$\overline{\mathrm{OP}}\geq1$인 영역은 오른쪽 그림의 색칠한 부분이므로 그 영역의 넓이는

$4-\pi$

따라서 구하는 확률은 $\dfrac{4-\pi}{4}$

06 흰 공의 개수를 x라고 하면

$$\dfrac{_x\mathrm{C}_2}{_6\mathrm{C}_2}=\dfrac{2}{5},\ \dfrac{\frac{1}{2}x(x-1)}{15}=\dfrac{2}{5}$$

$x^2-x-12=0$, $(x-4)(x+3)=0$

$\therefore x=4\ (\because 2\leq x\leq6)$

따라서 흰 공의 개수는 4이다.

07 15개의 공 중에서 2개를 꺼낼 때 5번에 1번 꼴로 2개 모두 빨간 공이었으므로 2개 모두 빨간 공을 꺼낼 확률은 $\dfrac{1}{5}$이다. 빨간 공의 개수를 x라고 하면 15에서 2개를 꺼낼 때 2개 모두 빨간 공일 확률은 $\dfrac{_x\mathrm{C}_2}{_{15}\mathrm{C}_2}$이므로

$$\dfrac{_x\mathrm{C}_2}{_{15}\mathrm{C}_2}=\dfrac{1}{5},\ \dfrac{\frac{1}{2}x(x-1)}{105}=\dfrac{1}{5}$$

$x^2-x-42=0$, $(x-7)(x+6)=0$

$\therefore x=7\ (\because 2\leq x\leq15)$

따라서 주머니 속에 빨간 공은 7개 들어 있다고 할 수 있다.

01 ⑤　　**02** $\dfrac{1}{6}$　　**03** 0.3　　**04** $\dfrac{7}{15}$　　**05** $\dfrac{13}{28}$

06 ②　　**07** $\dfrac{1023}{1024}$　　**08** 19

01 $\mathrm{P}(A\cup B)=\mathrm{P}(A)+\mathrm{P}(B)-\mathrm{P}(A\cap B)$
$$=\frac{7}{9}-\frac{2}{9}=\frac{5}{9}$$

02 $\mathrm{P}(A\cup B)=\mathrm{P}(A)+\mathrm{P}(B)-\mathrm{P}(A\cap B)$이므로
$\mathrm{P}(A\cap B)=\mathrm{P}(A)+\mathrm{P}(B)-\mathrm{P}(A\cup B)$
$$=\frac{1}{2}+\frac{1}{3}-\frac{2}{3}=\frac{1}{6}$$

03 두 사건 A, B가 모두 일어날 확률은 $\mathrm{P}(A\cap B)$이고
$\mathrm{P}(A)=0.7$, $\mathrm{P}(B)=0.5$, $\mathrm{P}(A\cup B)=0.9$이므로
$\mathrm{P}(A\cap B)=\mathrm{P}(A)+\mathrm{P}(B)-\mathrm{P}(A\cup B)$
$$=0.7+0.5-0.9=0.3$$

04 2명 모두 남학생인 사건을 A, 2명 모두 여학생인 사건을 B라고 하면
$\mathrm{P}(A)=\dfrac{{}_6\mathrm{C}_2}{{}_{10}\mathrm{C}_2}=\dfrac{1}{3}$, $\mathrm{P}(B)=\dfrac{{}_4\mathrm{C}_2}{{}_{10}\mathrm{C}_2}=\dfrac{2}{15}$
그런데 사건 A, B는 서로 배반사건이므로
$\mathrm{P}(A\cup B)=\mathrm{P}(A)+\mathrm{P}(B)$
$$=\frac{1}{3}+\frac{2}{15}=\frac{7}{15}$$

05 2개 모두 흰 공이 나오는 사건을 A, 2개 모두 빨간 공이 나오는 사건을 B라고 하면
$\mathrm{P}(A)=\dfrac{{}_3\mathrm{C}_2}{{}_8\mathrm{C}_2}=\dfrac{3}{28}$, $\mathrm{P}(B)=\dfrac{{}_5\mathrm{C}_2}{{}_8\mathrm{C}_2}=\dfrac{5}{14}$
그런데 사건 A, B는 서로 배반사건이므로
$\mathrm{P}(A\cup B)=\mathrm{P}(A)+\mathrm{P}(B)$
$$=\frac{3}{28}+\frac{5}{14}=\frac{13}{28}$$

06 A^C, B가 서로 배반사건이면 $\mathrm{P}(A^C\cap B)=0$이므로
$\mathrm{P}(A^C\cup B)=\mathrm{P}(A^C)+\mathrm{P}(B)$
$$=1-\mathrm{P}(A)+\mathrm{P}(B)$$
$$=\left(1-\frac{3}{5}\right)+\frac{3}{10}=\frac{2}{5}+\frac{3}{10}=\frac{7}{10}$$
$\therefore \mathrm{P}(A\cap B^C)=\mathrm{P}((A^C\cup B)^C)=1-\mathrm{P}(A^C\cup B)$
$$=1-\frac{7}{10}=\frac{3}{10}$$

다른 풀이

두 사건 A^C, B가 서로 배반이므로
$A^C\cap B=\varnothing$　　$\therefore B\subset A$
$\mathrm{P}(A)=2\mathrm{P}(B)=\dfrac{3}{5}$에서

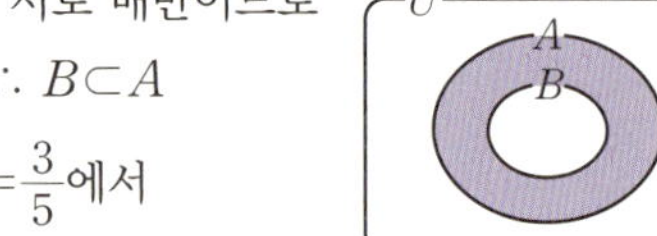

$\mathrm{P}(A)=\dfrac{3}{5}$, $\mathrm{P}(B)=\dfrac{3}{10}$이므로
$\mathrm{P}(A\cap B^C)=\mathrm{P}(A)-\mathrm{P}(B)$
$$=\frac{3}{5}-\frac{3}{10}=\frac{3}{10}$$

07 '적어도 1발이 명중할 사건'의 여사건은 '탄환이 1발도 명중하지 않는 사건'이다.
탄환이 1발도 명중하지 않을 확률은
$$\left(\frac{1}{4}\right)^5$$
따라서 구하는 확률은 여사건의 확률에 의하여
$$1-\left(\frac{1}{4}\right)^5=\frac{1023}{1024}$$

08 방정식 $x+y+z=10$을 만족시키는 음이 아닌 정수인 해 x, y, z의 순서쌍 (x, y, z)의 개수는
$${}_3\mathrm{H}_{10}={}_{12}\mathrm{C}_{10}={}_{12}\mathrm{C}_2=\frac{12\times 11}{2\times 1}=66$$
$(x-y)(y-z)(z-x)\neq 0$의 여사건은
$(x-y)(y-z)(z-x)=0$이고
$(x-y)(y-z)(z-x)=0$이 성립하려면
$x=y$ 또는 $y=z$ 또는 $x=z$
이어야 한다.
이때 $x=y$를 만족시키는 순서쌍 (x, y, z)는
$(0, 0, 10)$, $(1, 1, 8)$, $\cdots$, $(5, 5, 0)$의 6개
$y=z$ 또는 $x=z$를 만족시키는 순서쌍
(x, y, z)도 각각 6개이므로
$(x-y)(y-z)(z-x)=0$이 성립할 확률은
$$\frac{6+6+6}{66}=\frac{18}{66}=\frac{3}{11}$$
따라서 구하는 확률은 여사건의 확률에 의하여
$$1-\frac{3}{11}=\frac{8}{11}$$
$\therefore p+q=19$

실력 확인 문제　　　　　05 06　p. 24

01 ②　　**02** ④　　**03** 16　　**04** 6개　　**05** ④

06 ⑤　　**07** $\dfrac{1}{3}$　　**08** 11　　**09** ②　　**10** ④

11 ⑤　　**12** ⑤

01 A, B, C, D, E 5명을 일렬로 세우는 경우의 수는
$5!=120$
A, B를 양 끝에 세우는 경우의 수는 $2!=2$, 가운데 세 명을 세우는 경우의 수는 $3!=6$이므로 A, B를 양 끝에 세우고 가운데 나머지 세 명을 세우는 경우의 수는
$2\times 6=12$

따라서 구하는 확률은

$$\frac{12}{120}=\frac{1}{10}$$

02 변 BC를 지름으로 하는 반원을 그
릴 때, 점 P가 반원 밖에 있으면
예각삼각형이므로 색칠한 부분의
넓이는

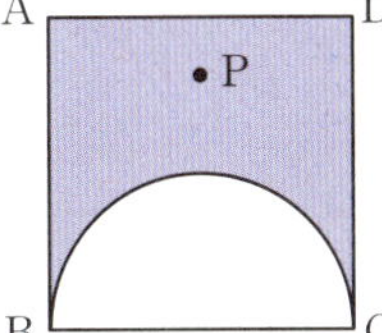

$$1-\frac{1}{2}\pi\times\left(\frac{1}{2}\right)^2=1-\frac{\pi}{8}$$

따라서 구하는 확률은

$$\frac{1-\frac{\pi}{8}}{1}=1-\frac{\pi}{8}$$

03 주머니에서 2개의 공을 꺼내는 경우의 수는

$$_6C_2=15$$

꺼낸 2개의 공이 모든 흰 공인 경우의 수는

$$_2C_2=1$$

따라서 구하는 확률은 $\frac{1}{15}$이므로 $p=15$, $q=1$

$$\therefore p+q=16$$

04 흰 공의 개수를 n이라고 하면 주머니에서 2개의 공을 꺼
낼 때, 모두 흰 공일 확률은

$$\frac{_nC_2}{_{10}C_2}$$

2개 모두 흰 공일 통계적 확률이 $\frac{1}{3}$이므로

$$\frac{_nC_2}{_{10}C_2}=\frac{1}{3}, \quad \frac{\frac{1}{2}n(n-1)}{45}=\frac{1}{3}$$

$$n(n-1)=30, \quad n^2-n-30=0$$

$$(n-6)(n+5)=0$$

$$\therefore n=6 \ (\because 2\leq n\leq 10)$$

따라서 주머니 속에 흰 공이 6개 들어 있다고 할 수 있다.

05 한 개의 주사위를 두 번 던질 때 일어나는 경우의 수는

$$6\times 6=36$$

$$f(x)=x^2-7x+10=(x-2)(x-5)$$에서

$$f(1)>0, \ f(2)=0, \ f(3)<0,$$

$$f(4)<0, \ f(5)=0, \ f(6)>0$$

따라서 $f(a)f(b)<0$을 만족시키는 순서쌍은

$$(1, 3), \ (1, 4), \ (3, 1), \ (3, 6),$$

$$(4, 1), \ (4, 6), \ (6, 3), \ (6, 4)$$

의 8개이므로 구하는 확률은

$$\frac{8}{36}=\frac{2}{9}$$

06 $4P(B)=1$에서 $P(B)=\frac{1}{4}$

두 사건 A, B가 서로 배반사건이므로

$$P(A\cup B)=P(A)+P(B)=4P(B)$$

$$\therefore P(A)=3P(B)=3\times\frac{1}{4}=\frac{3}{4}$$

07 두 사건 A, B가 배반사건이므로

$$P(A\cup B)=P(A)+P(B)$$에서

$$\frac{1}{2}=\frac{1}{6}+P(B)$$

$$\therefore P(B)=\frac{1}{2}-\frac{1}{6}=\frac{1}{3}$$

08 갑과 을이 각각 주머니 A, B에서 두 장의 카드를 꺼내는
경우의 수는

$$_4C_2\times _4C_2=6\times 6=36$$

갑과 을이 꺼낸 두 장의 카드에 적힌 숫자가 모두 같을 경
우의 수는 $_4C_2=6$

갑이 1, 4가 적힌 카드, 을이 2, 3이 적힌 카드를 꺼내는
경우 또는 갑이 2, 3이 적힌 카드, 을이 1, 4가 적힌 카드
를 꺼내는 경우의 수는 2

따라서 갑과 을이 꺼낸 두 장의 카드에 적힌 숫자의 합이
같을 확률은

$$\frac{6+2}{36}=\frac{2}{9}$$

즉, $p=9$, $q=2$이므로

$$p+q=11$$

09 주어진 6장의 카드를 일렬로 나열하는 경우의 수는

$$\frac{6!}{3!\times 2!}=60$$

양 끝 모두 A가 적힌 카드가 나열되는 경우의 수는 양 끝
에 A를 고정시켜 놓고 그 사이에 A, B, B, C를 일렬로
나열하는 경우의 수와 같으므로

$$\frac{4!}{2!}=12$$

따라서 구하는 확률은

$$\frac{12}{60}=\frac{1}{5}$$

10 $P(A\cap B)=k$ (k는 상수)라고 하면

$$P(A\cap B^c)=P(A^c\cap B)=\frac{1}{6}$$이므로

$$P(A)=P(A\cap B^c)+P(A\cap B)=\frac{1}{6}+k$$

$$P(B)=P(A^c\cap B)+P(A\cap B)=\frac{1}{6}+k$$

이때 $P(A\cup B)=\frac{2}{3}$이므로

$$P(A\cup B)=P(A)+P(B)-P(A\cap B)$$에서

$$\frac{2}{3}=\left(\frac{1}{6}+k\right)+\left(\frac{1}{6}+k\right)-k$$

$$\therefore k=\frac{1}{3}$$

11 주머니에서 임의의 2개의 공을 동시에 꺼내는 경우의 수

는 $_7C_2=21$

꺼낸 2개의 공이 모두 검은 공인 경우의 수는 $_4C_2=6$

흰 공을 적어도 1개 이상 꺼내는 사건을 A라고 하면 검은 공만 2개 꺼내는 사건은 A^c이므로

$$P(A)=1-P(A^c)=1-\frac{6}{21}=\frac{5}{7}$$

주머니에서 임의로 2개의 공을 동시에 꺼내는 경우의 수는 $_7C_2=21$

흰 공을 적어도 1개 이상 꺼내는 경우는 흰 공 1개, 검은 공 1개를 꺼내거나 흰 공 2개를 꺼내는 경우이므로 그 경우의 수는

$$_3C_1\times_4C_1+_3C_2=3\times4+3=15$$

따라서 구하는 확률은 $\frac{15}{21}=\frac{5}{7}$

12 선택한 카드 중에 같은 숫자가 적혀 있는 카드가 2장인 사건을 A, 3장인 사건을 B라고 하면 두 사건 A, B는 배반사건이다.

(ⅰ) 같은 숫자가 적혀 있는 카드가 2장인 경우

2장의 카드에 적힐 숫자 1개를 택하는 경우의 수는 $_4C_1$

각각에 대하여 이 숫자가 적힌 카드 3장 중 2장의 카드를 택하는 경우의 수는 $_3C_2$

이 각각에 대하여 나머지 다른 숫자가 적힌 카드를 택하는 경우의 수는 9

따라서 사건 A가 일어날 확률은

$$\frac{_4C_1\times_3C_2\times9}{_{12}C_3}=\frac{27}{55}$$

(ⅱ) 같은 숫자가 적혀 있는 카드가 3장인 경우

3장의 카드에 적힐 숫자 1개를 택하는 경우의 수는 $_4C_1$

각각에 대하여 이 숫자가 적힌 카드 3장 중 3장의 카드를 택하는 경우의 수는 $_3C_3$

따라서 사건 B가 일어날 확률은

$$\frac{_4C_1\times_3C_3}{_{12}C_3}=\frac{1}{55}$$

(ⅰ), (ⅱ)에 의하여 구하는 확률은

$$P(A\cup B)=P(A)+P(B)=\frac{27}{55}+\frac{1}{55}=\frac{28}{55}$$

3장의 카드가 모두 다른 숫자일 경우는 처음 카드는 12장 중 1장, 두 번째 카드는 9장 중 1장, 세 번째 카드는 6장 중 1장을 뽑으면 되고 순서를 고려하지 않으므로 그 확률은

$$\frac{_{12}C_1\times_9C_1\times_6C_1\times\frac{1}{3!}}{_{12}C_3}=\frac{12\times9\times6\times\frac{1}{3!}}{220}=\frac{27}{55}$$

따라서 3장의 카드가 모두 다른 숫자만 아니면 적어도 2장 이상은 같은 숫자이므로 구하는 확률은

$$1-\frac{27}{55}=\frac{28}{55}$$

01 ①   **02** ④   **03** $\frac{1}{4}$ **04** ③   **05** $\frac{1}{6}$

06 $\frac{7}{9}$ **07** 45

01 $P(B|A)=\dfrac{P(A\cap B)}{P(A)}$이므로

$$P(A\cap B)=P(B|A)P(A)=\frac{5}{6}\times\frac{2}{5}=\frac{1}{3}$$

02 $P(A\cap B)=\dfrac{1}{3}$, $P(A^c\cap B)=\dfrac{1}{4}$이므로

$$P(B)=P(A\cap B)+P(A^c\cap B)$$
$$=\frac{1}{3}+\frac{1}{4}=\frac{7}{12}$$

$$\therefore P(A|B)=\frac{P(A\cap B)}{P(B)}=\frac{\frac{1}{3}}{\frac{7}{12}}=\frac{4}{7}$$

03 1차 시험에 합격하는 사건을 A, 2차 시험에 합격하는 사건을 B라고 하면

$$P(A)=\frac{1}{5}, \ P(A\cap B)=\frac{1}{20}$$

$$\therefore P(B|A)=\frac{P(A\cap B)}{P(A)}=\frac{\frac{1}{20}}{\frac{1}{5}}=\frac{1}{4}$$

04 한 개의 주사위를 두 번 던질 때 6의 눈이 한 번도 나오지 않는 사건을 A, 나온 두 눈의 수의 합이 4의 배수인 사건을 B라고 하면 구하는 확률은 $P(B|A)$이다.

6의 눈이 한 번도 나오지 않을 확률은

$$P(A)=\frac{5}{6}\times\frac{5}{6}=\frac{25}{36}$$

한 개의 주사위를 두 번 던질 때 나오는 눈의 수를 차례로 a, b라고 할 때, 사건 $A\cap B$를 순서쌍 (a, b)로 나타내면

$(1, 3)$, $(2, 2)$, $(3, 1)$, $(3, 5)$, $(4, 4)$, $(5, 3)$

이므로 $P(A\cap B)=\dfrac{6}{36}$

따라서 구하는 확률은

$$P(B|A)=\frac{P(A\cap B)}{P(A)}=\frac{\frac{6}{36}}{\frac{25}{36}}=\frac{6}{25}$$

05 첫 번째에 흰 공이 나오는 사건을 A, 두 번째에 흰 공이 나오는 사건을 B라고 하면

$$P(A)=\frac{4}{9}, \ P(B|A)=\frac{3}{8}$$

따라서 2개 모두 흰 공이 나올 사건의 확률은

$$P(A\cap B)=P(A)P(B|A)=\frac{4}{9}\times\frac{3}{8}=\frac{1}{6}$$

06 이 고등학교 학생 중에서 임의로 선택한 1명이 지역 A를 희망한 학생인 사건을 A, 지역 B를 희망한 학생인 사건을 B라고 하면

$$P(A)=\frac{180}{500},\ P(A\cap B)=\frac{140}{500}$$

따라서 구하는 확률은

$$P(B\,|\,A)=\frac{P(A\cap B)}{P(A)}=\frac{\dfrac{140}{500}}{\dfrac{180}{500}}=\frac{7}{9}$$

임의로 선택한 한 명이 지역 A를 선택한 학생인 경우의 수는 180이고, 지역 A와 지역 B를 모두 선택한 학생인 경우의 수는 140이므로 구하는 확률은

$$\frac{140}{180}=\frac{7}{9}$$

07 휴대 전화를 놓고 오는 사건을 E라고 하면

$$P(E)=\frac{1}{5}+\frac{4}{5}\times\frac{1}{5}+\frac{4}{5}\times\frac{4}{5}\times\frac{1}{5}=\frac{61}{125}$$

서점에 휴대 전화를 놓고 오는 사건을 A라고 하면 $P(A\cap E)$는 세 곳을 들렸을 때 서점에 놓고 왔을 확률이므로

$$\frac{4}{5}\times\frac{4}{5}\times\frac{1}{5}=\frac{16}{125}$$

따라서 구하는 확률은

$$P(A\,|\,E)=\frac{P(A\cap E)}{P(E)}=\frac{\dfrac{16}{125}}{\dfrac{61}{125}}=\frac{16}{61}$$

따라서 $p=61$, $q=16$이므로

$$p-q=45$$

📗 **08** 사건의 독립과 종속　　　　p. 28

01 ①　　**02** ④　　**03** 종속　　**04** ③　　**05** ①

06 $\dfrac{135}{1024}$　　**07** 38

01 두 사건 A, B가 서로 독립이므로

$$P(A\cap B)=P(A)P(B)에서$$

$$\frac{1}{9}=\frac{2}{3}\times P(B)$$

$$\therefore P(B)=\frac{1}{9}\times\frac{3}{2}=\frac{1}{6}$$

02 $P(B)=1-P(B^c)=1-\frac{1}{3}=\frac{2}{3}$

$$P(A\,|\,B)=\frac{P(A\cap B)}{P(B)}=\frac{1}{2}에서$$

$$P(A\cap B)=\frac{1}{2}P(B)=\frac{1}{2}\times\frac{2}{3}=\frac{1}{3}$$

이때 두 사건 A, B는 서로 독립이므로

$$P(A)P(B)=P(A\cap B)=\frac{1}{3}$$

03 회장에 여학생이 선출될 확률은 $P(A)=\dfrac{4}{7}$

총무에 남학생이 선출될 확률은

$$P(B)=P(A\cap B)+P(A^c\cap B)$$
$$=\frac{4}{7}\times\frac{3}{6}+\frac{3}{7}\times\frac{2}{6}=\frac{3}{7}$$

$$\therefore P(A)P(B)=\frac{4}{7}\times\frac{3}{7}=\frac{12}{49}$$

이때 $P(A\cap B)=\dfrac{4}{7}\times\dfrac{3}{6}=\dfrac{2}{7}$이므로

$$P(A\cap B)\neq P(A)P(B)$$

따라서 두 사건 A와 B는 서로 종속이다.

04 갑이 이기려면 첫 번째에 갑이 흰 공을 꺼내거나 첫 번째, 두 번째에 갑과 을이 각각 검은 공을 꺼내고 세 번째에 갑이 흰 공을 꺼내야 한다.

(ⅰ) 첫 번째에 갑이 흰 공을 꺼낼 확률은

$$\frac{2}{5}$$

(ⅱ) 첫 번째에 갑이 검은 공, 두 번째에 을이 검은 공, 세 번째에 갑이 흰 공을 꺼낼 확률은

$$\frac{3}{5}\times\frac{2}{4}\times\frac{2}{3}=\frac{1}{5}$$

(ⅰ), (ⅱ)에 의하여 구하는 확률은 $\dfrac{2}{5}+\dfrac{1}{5}=\dfrac{3}{5}$

05 한 개의 주사위를 던졌을 때 4의 눈이 나올 확률은 $\dfrac{1}{6}$이고, 한 개의 주사위를 3번 던지는 시행은 독립시행이다.
따라서 구하는 확률은

$$_3C_1\left(\frac{1}{6}\right)\left(\frac{5}{6}\right)^2=3\times\frac{25}{6^3}=\frac{25}{72}$$

06 각 사람이 어느 층에 내리는가는 같은 정도로 기대되므로 한 사람이 각 층에서 내릴 확률은 $\dfrac{1}{4}$이다.
따라서 6명 중 3명이 3층에서 내릴 확률은

$$_6C_3\left(\frac{1}{4}\right)^3\left(\frac{3}{4}\right)^3=\frac{135}{1024}$$

07 (ⅰ) 3의 배수가 2개 나올 확률은

$$_4C_2\left(\frac{1}{3}\right)^2\left(\frac{2}{3}\right)^2=\frac{8}{27}$$

(ⅱ) 3의 배수가 3개 나올 확률은

$$_4C_3\left(\frac{1}{3}\right)^3\left(\frac{2}{3}\right)^1=\frac{8}{81}$$

(ⅲ) 3의 배수가 4개 나올 확률은

$$\left(\frac{1}{3}\right)^4=\frac{1}{81}$$

(ⅰ)~(ⅲ)에 의하여 3의 배수가 2개 이상 나올 확률은

$$\frac{8}{27}+\frac{8}{81}+\frac{1}{81}=\frac{11}{27}$$

따라서 $p=27$, $q=11$이므로

$$p+q=38$$

3의 배수가 0개, 1개 나올 확률은 각각

$$\left(\frac{2}{3}\right)^4=\frac{16}{81},\ {}_4\mathrm{C}_1\left(\frac{1}{3}\right)^1\left(\frac{2}{3}\right)^3=\frac{32}{81}$$

따라서 구하는 확률은

$$1-\left(\frac{16}{81}+\frac{32}{81}\right)=\frac{11}{27}$$

$a\neq0$일 때, $a^0=1$로 정한다.

실력 확인 문제

07 08 p. 30

01 ⑤	**02** 0.4	**03** $\frac{1}{35}$	**04** ⑤	**05** ③
06 43	**07** ⑤	**08** 0.232	**09** 18	**10** ⑤
11 ④	**12** ③	**13** ①	**14** ④	**15** $\frac{51}{50}$
16 $\frac{1}{4}$	**17** ①	**18** 25	**19** ②	

01 $\mathrm{P}(A)=\mathrm{P}(A\cap B)+\mathrm{P}(A\cap B^C)$이므로

$$\mathrm{P}(A\cap B)=\mathrm{P}(A)-\mathrm{P}(A\cap B^C)$$
$$=\frac{13}{16}-\frac{1}{4}=\frac{9}{16}$$

$$\therefore \mathrm{P}(B\,|\,A)=\frac{\mathrm{P}(A\cap B)}{\mathrm{P}(A)}=\frac{\frac{9}{16}}{\frac{13}{16}}=\frac{9}{13}$$

02 조건 ⑴에서

$$\mathrm{P}(A)\{1-\mathrm{P}(B\,|\,A)\}=\mathrm{P}(A)\left\{1-\frac{\mathrm{P}(A\cap B)}{\mathrm{P}(A)}\right\}$$
$$=\mathrm{P}(A)-\mathrm{P}(A\cap B)$$
$$=0.2 \qquad \cdots\cdots ㉠$$

이때 $\mathrm{P}(A\cup B)=\mathrm{P}(A)+\mathrm{P}(B)-\mathrm{P}(A\cap B)$이므로

$$0.6=0.2+\mathrm{P}(B)\ (\because ㉠)$$
$$\therefore \mathrm{P}(B)=0.6-0.2=0.4$$

03 갑이 당첨 제비를 뽑는 사건을 A, 을이 당첨 제비를 뽑는 사건을 B라고 하면

$$\mathrm{P}(A)=\frac{3}{15}=\frac{1}{5},\ \mathrm{P}(B\,|\,A)=\frac{2}{14}=\frac{1}{7}$$

따라서 갑, 을 모두 당첨 제비를 뽑을 확률은

$$\mathrm{P}(A\cap B)=\mathrm{P}(A)\mathrm{P}(B\,|\,A)$$
$$=\frac{1}{5}\times\frac{1}{7}=\frac{1}{35}$$

04 임의로 선택한 한 개의 공이 검은 공인 사건을 A, 공에 적혀 있는 수가 짝수인 사건을 B라고 하면

$$\mathrm{P}(A)=\frac{9}{14},\ \mathrm{P}(A\cap B)=\frac{4}{14}$$

$$\therefore \mathrm{P}(B\,|\,A)=\frac{\mathrm{P}(A\cap B)}{\mathrm{P}(A)}=\frac{\frac{4}{14}}{\frac{9}{14}}=\frac{4}{9}$$

한 개의 검은 공을 선택하는 경우의 수는 9이고, 이 중 짝수가 적힌 경우의 수는 4이므로 구하는 확률은 $\frac{4}{9}$이다.

05 체험 학습 A를 선택한 학생은 남학생 90명과 여학생 70명이므로 체험 학습 B를 선택한 학생 중 남학생의 수를 x, 여학생의 수를 y라 하고 표로 나타내면 다음과 같다.

	남학생	여학생	합계
체험 학습 A	90	70	160
체험 학습 B	x	y	$x+y$
합계	$90+x$	$70+y$	360

이때 $160+(x+y)=360$에서

$$x+y=200 \qquad \cdots\cdots ㉠$$

이 학교의 학생 중 임의로 뽑은 1명의 학생이 체험 학습 B를 선택한 학생일 때, 이 학생이 남학생일 확률이 $\frac{2}{5}$이므로 체험 학습 B를 선택하는 사건을 B, 남학생일 사건을 M이라고 하면

$$\mathrm{P}(M\,|\,B)=\frac{n(M\cap B)}{n(B)}=\frac{x}{x+y}=\frac{2}{5}$$

$$5x=2x+2y \qquad \therefore 3x=2y \qquad \cdots\cdots ㉡$$

㉠, ㉡을 연립하여 풀면

$$x=80,\ y=120$$

따라서 이 학교의 여학생 수는

$$70+y=70+120=190$$

06 $2m\geq n$인 사건을 A, 꺼낸 흰 공의 개수가 2인 사건을 B라고 하자. 이때 $m+n=3$이고 $2m\geq n$을 만족시키는 m, n의 순서쌍 $(m,\,n)$은

$$(1,\,2),\ (2,\,1),\ (3,\,0)$$

(i) $m=1$, $n=2$일 확률은

$$\frac{{}_3\mathrm{C}_1\times{}_4\mathrm{C}_2}{{}_7\mathrm{C}_3}=\frac{18}{35}$$

(ii) $m=2$, $n=1$일 확률은

$$\frac{{}_3\mathrm{C}_2\times{}_4\mathrm{C}_1}{{}_7\mathrm{C}_3}=\frac{12}{35}$$

(iii) $m=3$, $n=0$일 확률은

$$\frac{{}_3\mathrm{C}_3}{{}_7\mathrm{C}_3}=\frac{1}{35}$$

(i)~(iii)에 의하여

$$\mathrm{P}(A)=\frac{18}{35}+\frac{12}{35}+\frac{1}{35}=\frac{31}{35}$$

이때 사건 $A\cap B$는 $m=2$, $n=1$일 때이므로

$P(A \cap B) = \dfrac{12}{35}$

$$\therefore P(B \mid A) = \dfrac{P(A \cap B)}{P(A)} = \dfrac{\dfrac{12}{35}}{\dfrac{31}{35}} = \dfrac{12}{31}$$

따라서 $p=31$, $q=12$이므로

$p+q=43$

주머니에서 3개의 공을 꺼낼 때 $2m \geq n$인 경우의 수는

${}_3C_1 \times {}_4C_2 + {}_3C_2 \times {}_4C_1 + {}_3C_3 = 18+12+1 = 31$

이고, 이 중 흰 공의 개수가 2인 경우의 수는 12이므로 구하는 확률은 $\dfrac{12}{31}$이다.

07 이 고등학교의 전체 학생 중 임의로 선택한 한 학생이 여학생인 사건을 A, 생활복 도입에 찬성한 학생인 사건을 B라고 하면

$P(A)=0.4$, $P(B)=0.8$,

$P(B^c)=0.2$, $P(A^c \mid B)=0.7$

이때

$P(A^c \cap B) = P(B)P(A^c \mid B) = 0.8 \times 0.7 = 0.56$

이므로

$P(A \cap B) = P(B) - P(A^c \cap B) = 0.8 - 0.56 = 0.24$

따라서 구하는 확률은

$$P(B \mid A) = \dfrac{P(A \cap B)}{P(A)} = \dfrac{0.24}{0.4} = \dfrac{3}{5}$$

이 고등학교의 전체 학생 중 임의로 선택한 한 학생이 여학생인 사건을 A, 생활복 도입에 찬성한 학생인 사건을 B라고 할 때,

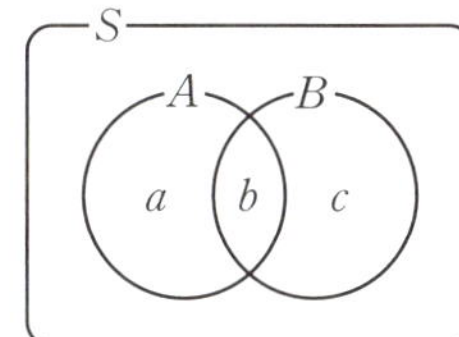

$P(A \cap B^c)=a$,

$P(A \cap B)=b$,

$P(A^c \cap B)=c$라고 하면

$a+b=0.4$, $b+c=0.8$

$P(A^c \mid B)=0.7$이므로

$\dfrac{c}{0.8}=0.7$

$\therefore c=0.8 \times 0.7 = 0.56$

$b=0.8-c$이므로

$b=0.8-0.56=0.24$

따라서 구하는 확률은

$$P(B \mid A) = \dfrac{b}{a+b} = \dfrac{0.24}{0.4} = \dfrac{3}{5}$$

08 맑은 다음 날부터 3일간 모두 같은 날씨가 되는 경우는 다음과 같다.

(ⅰ) 맑음 → 맑음 → 맑음 → 맑음일 확률은

　$(0.6)^3 = 0.216$

(ⅱ) 맑음 → 흐림 → 흐림 → 흐림일 확률은

　$(0.3) \times (0.2)^2 = 0.012$

(ⅲ) 맑음 → 비 → 비 → 비일 확률은

　$0 \times (0.2)^2 = 0$

(ⅳ) 맑음 → 눈 → 눈 → 눈일 확률은

　$0.1 \times (0.2)^2 = 0.004$

(ⅰ)~(ⅳ)에 의하여 구하는 확률은

$0.216 + 0.012 + 0.004 = 0.232$

09 A가 꺼낸 사탕이 딸기 맛 사탕일 사건을 E, B가 꺼낸 사탕이 포도 맛 사탕일 사건을 F라고 하면

$P(E) = \dfrac{6}{15} = \dfrac{2}{5}$, $P(F \mid E) = \dfrac{9}{14}$

이므로

$p = P(E \cap F)$

$\quad = P(E)P(F \mid E) = \dfrac{2}{5} \times \dfrac{9}{14} = \dfrac{9}{35}$

$\therefore 70p = 70 \times \dfrac{9}{35} = 18$

10 $P(S) = \dfrac{70}{100} = \dfrac{7}{10}$, $P(S^c) = \dfrac{30}{100} = \dfrac{3}{10}$,

$P(L) = \dfrac{60}{100} = \dfrac{3}{5}$, $P(L^c) = \dfrac{40}{100} = \dfrac{2}{5}$

ㄱ. $P(S \cap L) = \dfrac{42}{100} = \dfrac{21}{50}$

　　$P(S)P(L) = \dfrac{7}{10} \times \dfrac{3}{5} = \dfrac{21}{50}$

　　$\therefore P(S \cap L) = P(S)P(L)$

　　따라서 S와 L은 서로 독립이다.

ㄴ. $P(S \cap L^c) = \dfrac{28}{100} = \dfrac{7}{25}$

　　$P(S)P(L^c) = \dfrac{7}{10} \times \dfrac{2}{5} = \dfrac{7}{25}$

　　$\therefore P(S \cap L^c) = P(S)P(L^c)$

　　따라서 S와 L^c은 서로 독립이다.

ㄷ. $P(S^c \cap L^c) = \dfrac{12}{100} = \dfrac{3}{25}$

　　$P(S^c)P(L^c) = \dfrac{3}{10} \times \dfrac{2}{5} = \dfrac{3}{25}$

　　$\therefore P(S^c \cap L^c) = P(S^c)P(L^c)$

　　따라서 S^c과 L^c은 서로 독립이다.

이상에서 서로 독립인 것은 ㄱ, ㄴ, ㄷ이다.

11 남학생의 수를 n이라고 하면 여학생의 수는 $320-n$이므로 수학동아리에 가입한 남학생의 수와 여학생의 수는 각각

$0.6n$, $160-0.5n$

따라서 수학동아리에 가입한 학생 수는

$0.6n + (160-0.5n) = 0.1n + 160$

$p_1 = \dfrac{0.6n}{0.1n+160}$, $p_2 = \dfrac{160-0.5n}{0.1n+160}$이고 $p_1 = 2p_2$이므로

$\dfrac{0.6n}{0.1n+160} = \dfrac{2(160-0.5n)}{0.1n+160}$

$0.6n = 320-n$, $1.6n = 320$

$\therefore n = 200$

따라서 이 학교의 남학생의 수는 200이다.

12 두 사건 A, B가 서로 독립이므로

$P(A \cap B) = P(A)P(B)$이고

$P(A \cap B) = P(A)P(B) = \dfrac{2}{3}P(B)$이므로

$$\begin{aligned}
P(A \cup B) &= P(A) + P(B) - P(A \cap B) \\
&= P(A) + P(B) - P(A)P(B) \\
&= P(A) + P(B) - \dfrac{2}{3}P(B) \\
&= \dfrac{2}{3} + \dfrac{1}{3}P(B)
\end{aligned}$$

즉, $\dfrac{5}{6} = \dfrac{2}{3} + \dfrac{1}{3}P(B)$이므로 $\dfrac{1}{3}P(B) = \dfrac{1}{6}$

$\therefore P(B) = \dfrac{1}{2}$

13 두 사건 A, B가 서로 독립이므로

$P(A \cap B) = P(A)P(B)$

따라서 $P(A \mid B) = P(A) = \dfrac{1}{3}$이므로

$P(A^C) = 1 - P(A) = 1 - \dfrac{1}{3} = \dfrac{2}{3}$

14 첫 번째 꺼낸 제품이 불량품이 나오는 사건을 A, 두 번째 꺼낸 제품이 불량품이 나오는 사건을 B라고 하면

$P(A) = \dfrac{3}{10}$, $P(B \mid A) = \dfrac{2}{9}$

확률의 곱셈정리에 의하여

$$\begin{aligned}
P(A \cap B) &= P(A)P(B \mid A) \\
&= \dfrac{3}{10} \times \dfrac{2}{9} = \dfrac{1}{15}
\end{aligned}$$

15 $P(r) = {}_{100}C_r \left(\dfrac{1}{2}\right)^r \left(\dfrac{1}{2}\right)^{100-r} = {}_{100}C_r \left(\dfrac{1}{2}\right)^{100}$이므로

$$\dfrac{P(50)}{P(51)} = \dfrac{{}_{100}C_{50}\left(\dfrac{1}{2}\right)^{100}}{{}_{100}C_{51}\left(\dfrac{1}{2}\right)^{100}} = \dfrac{\dfrac{100!}{50! \times 50!}}{\dfrac{100!}{51! \times 49!}} = \dfrac{51}{50}$$

16 두 사건 A, B가 서로 독립이므로

$P(A \cap B) = P(A)P(B)$

$$\begin{aligned}
\therefore\ & P(A \cap B^C) + P(A^C \cap B) \\
&= P(A \cup B) - P(A \cap B) \\
&= P(A) + P(B) - 2P(A \cap B) \\
&= P(A) + P(B) - 2P(A)P(B) \\
&= \dfrac{1}{6} + P(B) - 2 \times \dfrac{1}{6}P(B) \\
&= \dfrac{2}{3}P(B) + \dfrac{1}{6}
\end{aligned}$$

즉, $\dfrac{2}{3}P(B) + \dfrac{1}{6} = \dfrac{1}{3}$이므로 $\dfrac{2}{3}P(B) = \dfrac{1}{6}$

$\therefore P(B) = \dfrac{1}{4}$

다른 풀이

두 사건 A, B가 서로 독립이므로 두 사건 A, B^C도 서로 독립이고, 두 사건 A^C, B도 서로 독립이다.

이때 $P(B) = k$ (k는 상수)로 놓으면

$P(A \cap B^C) + P(A^C \cap B) = P(A)P(B^C) + P(A^C)P(B)$

$\dfrac{1}{3} = \dfrac{1}{6}(1-k) + \dfrac{5}{6}k$, $\dfrac{2}{3}k = \dfrac{1}{6}$, $k = \dfrac{1}{4}$

$\therefore P(B) = \dfrac{1}{4}$

17 한 개의 동전을 5번 던질 때 앞면이 나오는 횟수를 a, 뒷면이 나오는 횟수를 b라고 하면

$a + b = 5$, $ab = 6$

(i) $a = 2$, $b = 3$일 때

$\quad {}_5C_2 \left(\dfrac{1}{2}\right)^2 \left(\dfrac{1}{2}\right)^3 = \dfrac{5}{16}$

(ii) $a = 3$, $b = 2$일 때

$\quad {}_5C_3 \left(\dfrac{1}{2}\right)^3 \left(\dfrac{1}{2}\right)^2 = \dfrac{5}{16}$

(i), (ii)에 의하여 구하는 확률은

$\dfrac{5}{16} + \dfrac{5}{16} = \dfrac{5}{8}$

18 서로 다른 두 개의 주사위를 동시에 던질 때, 나온 두 눈의 수의 곱이 홀수인 경우는 두 눈의 수가 모두 홀수인 경우이므로 그 확률은

$\dfrac{1}{2} \times \dfrac{1}{2} = \dfrac{1}{4}$

두 눈의 수의 곱이 짝수일 확률은

$1 - \dfrac{1}{4} = \dfrac{3}{4}$

서로 다른 두 개의 주사위를 동시에 던지는 시행을 8회 반복한 후의 점 P의 좌표를 (a, b)라고 하면 $a + b = 8$이므로 원 $(x-8)^2 + y^2 = 4$의 내부에 있는 점 P의 좌표는 $(8, 0)$, $(7, 1)$의 두 가지이다.

(i) $P(8, 0)$일 확률은

$\quad \left(\dfrac{1}{4}\right)^8$

(ii) $P(7, 1)$일 확률은

$\quad {}_8C_7 \left(\dfrac{1}{4}\right)^7 \left(\dfrac{3}{4}\right)^1 = 24 \times \left(\dfrac{1}{4}\right)^8$

(i), (ii)에 의하여 점 P가 원 $(x-8)^2 + y^2 = 4$의 내부에 있을 확률은

$\left(\dfrac{1}{4}\right)^8 + 24 \times \left(\dfrac{1}{4}\right)^8 = \dfrac{25}{2^{16}}$

$\therefore p = 25$

19 첫 번째 던져서 나오는 주사위의 눈의 수를 a라고 하면 $f(a) = 0$이 되는 사건을 A라 하고, 두 번째 던져서 나오는 주사위의 눈의 수를 b라고 할 때 $f(b) = 0$이 되는 사건을 B라고 하자.

이차방정식 $f(x) = 0$의 해는 $x = 3$ 또는 $x = 4$이므로

$P(A) = \dfrac{2}{6} = \boxed{\dfrac{1}{3}}$, $P(B) = \dfrac{2}{6} = \boxed{\dfrac{1}{3}}$

이다. 구하는 확률 $P(A \cup B)$는

$$\mathrm{P}(A\cup B)=\mathrm{P}(A)+\mathrm{P}(B)-\mathrm{P}(A\cap B)$$

이고, 두 사건 A와 B는 서로 독립이므로

$$\mathrm{P}(A\cap B)=\mathrm{P}(A)\mathrm{P}(B)=\frac{1}{3}\times\frac{1}{3}=\boxed{\frac{1}{9}}$$

이다. 그러므로

$$\mathrm{P}(A\cup B)=\frac{1}{3}+\frac{1}{3}-\frac{1}{9}=\boxed{\frac{5}{9}}$$

이다.

따라서 $m=\dfrac{1}{3}$, $n=\dfrac{1}{9}$, $k=\dfrac{5}{9}$이므로

$$m\times n\times k=\frac{1}{3}\times\frac{1}{9}\times\frac{5}{9}=\frac{5}{243}$$

▣ 09 확률분포 p. 34

01 4   **02** ③   **03** ①   **04** ①   **05** ④

06 평균: $\dfrac{28}{5}$, 표준편차: $\dfrac{3\sqrt{14}}{5}$

01 확률의 총합이 1이므로

$$\frac{3}{4}+p+q=1$$

$$\therefore p+q=\frac{1}{4} \qquad\qquad \cdots\cdots\ \text{㉠}$$

$\mathrm{E}(X)=\dfrac{3}{5}$이므로

$$0\times\frac{3}{4}+2\times p+4\times q=\frac{3}{5}$$

$$\therefore 2p+4q=\frac{3}{5} \qquad\qquad \cdots\cdots\ \text{㉡}$$

㉠, ㉡을 연립하여 풀면 $p=\dfrac{1}{5}$, $q=\dfrac{1}{20}$

$$\therefore \frac{p}{q}=\frac{\frac{1}{5}}{\frac{1}{20}}=4$$

02 확률질량함수의 성질에 의하여

$$\mathrm{P}(X=1)+\mathrm{P}(X=2)+\mathrm{P}(X=3)+\cdots+\mathrm{P}(X=8)$$
$$=a+2a+3a+\cdots+8a=1$$

즉, $36a=1$이므로 $a=\dfrac{1}{36}$

따라서 확률변수 X의 확률질량함수가

$$\mathrm{P}(X=x)=\frac{1}{36}x\ (x=1,\ 2,\ 3,\ \cdots,\ 8)$$

이므로

$$\mathrm{P}(X=4)=\frac{1}{36}\times 4=\frac{1}{9}$$

03 $\mathrm{V}(X)=\mathrm{E}(X^2)-\{\mathrm{E}(X)\}^2$이므로

$$\mathrm{E}(X^2)=\mathrm{V}(X)+\{\mathrm{E}(X)\}^2=16+100=116$$

04 확률의 총합은 1이므로

$$\frac{3}{8}+\frac{3}{8}+a+\frac{1}{8}=1 \qquad \therefore a=\frac{1}{8}$$

$$\mathrm{E}(X)=1\times\frac{3}{8}+2\times\frac{3}{8}+3\times\frac{1}{8}+4\times\frac{1}{8}=\frac{16}{8}=2$$

$$\mathrm{E}(X^2)=1^2\times\frac{3}{8}+2^2\times\frac{3}{8}+3^2\times\frac{1}{8}+4^2\times\frac{1}{8}=\frac{40}{8}=5$$

이때 $\mathrm{V}(X)=\mathrm{E}(X^2)-\{\mathrm{E}(X)\}^2$이므로

$$\mathrm{V}(X)=5-2^2=1$$

$$\therefore \sigma(X)=\sqrt{\mathrm{V}(X)}=1$$

05 $\mathrm{V}(X)=\mathrm{E}(X^2)-\{\mathrm{E}(X)\}^2$에서

$$\mathrm{E}(X^2)=\mathrm{V}(X)+\{\mathrm{E}(X)\}^2=5+2^2=9$$

$$\begin{aligned}\therefore \mathrm{E}((X-1)^2)&=\mathrm{E}(X^2-2X+1)\\&=\mathrm{E}(X^2)-2\mathrm{E}(X)+1\\&=9-2\times2+1=6\end{aligned}$$

$$\mathrm{E}(X-1)=\mathrm{E}(X)-1=2-1=1$$

$$\mathrm{V}(X-1)=\mathrm{V}(X)=5$$

이때 $\mathrm{V}(X-1)=\mathrm{E}((X-1)^2)-\{\mathrm{E}(X-1)\}^2$이므로

$$\begin{aligned}\mathrm{E}((X-1)^2)&=\mathrm{V}(X-1)+\{\mathrm{E}(X-1)\}^2\\&=5+1^2=6\end{aligned}$$

06 $\mathrm{E}(X)=0\times\dfrac{1}{5}+1\times\dfrac{2}{5}+2\times\dfrac{2}{5}=\dfrac{6}{5}$

$$\mathrm{V}(X)=0^2\times\frac{1}{5}+1^2\times\frac{2}{5}+2^2\times\frac{2}{5}-\left(\frac{6}{5}\right)^2=\frac{14}{25}$$

$$\therefore \sigma(X)=\frac{\sqrt{14}}{5}$$

따라서 확률변수 $3X+2$의 평균과 표준편차는

$$\mathrm{E}(3X+2)=3\mathrm{E}(X)+2=3\times\frac{6}{5}+2=\frac{28}{5}$$

$$\sigma(3X+2)=3\sigma(X)=3\times\frac{\sqrt{14}}{5}=\frac{3\sqrt{14}}{5}$$

▣ 10 이항분포 p. 36

01 ①   **02** 32   **03** 99   **04** ⑤   **05** 404

06 ⑤   **07** 1

01 $\mathrm{E}(X)=np=1$, $\mathrm{V}(X)=np(1-p)=\dfrac{9}{10}$

이므로 $1-p=\dfrac{9}{10}$ $\therefore p=\dfrac{1}{10}$

$p=\dfrac{1}{10}$ 을 $np=1$에 대입하면 $n=10$

$$\begin{aligned}\therefore \mathrm{P}(X<2)&=\mathrm{P}(X=0)+\mathrm{P}(X=1)\\&={}_{10}\mathrm{C}_0\left(\frac{9}{10}\right)^{10}+{}_{10}\mathrm{C}_1\left(\frac{1}{10}\right)^1\left(\frac{9}{10}\right)^9\\&=\frac{19}{10}\left(\frac{9}{10}\right)^9\end{aligned}$$

02 확률변수 X가 이항분포 $\mathrm{B}(200, p)$를 따르므로

$$\mathrm{E}(X)=200p=40$$

$$\therefore p=\frac{1}{5}$$

$$\therefore \mathrm{V}(X)=200p(1-p)$$
$$=200\times\frac{1}{5}\times\frac{4}{5}=32$$

03 확률변수 X가 이항분포 $\mathrm{B}\left(n, \dfrac{a}{10}\right)$를 따르므로

$$\mathrm{E}(X)=n\times\frac{a}{10}=10 \qquad \cdots\cdots \text{㉠}$$

$$\mathrm{V}(X)=n\times\frac{a}{10}\times\left(1-\frac{a}{10}\right)=3^2 \qquad \cdots\cdots \text{㉡}$$

㉠, ㉡을 연립하여 풀면

$$a=1, \; n=100$$

$$\therefore n-a=99$$

04 확률변수 X가 이항분포 $\mathrm{B}(n, p)$를 따르므로

$$\mathrm{E}(X)=np, \; \mathrm{V}(X)=np(1-p)$$

$\mathrm{E}(2X-5)=2\mathrm{E}(X)-5$이므로 $2np-5=175$

$$\therefore np=90 \qquad \cdots\cdots \text{㉠}$$

$\mathrm{V}(2X-5)=4\mathrm{V}(X)$이므로 $4np(1-p)=12^2$

$$4\times90(1-p)=144, \; 1-p=\frac{2}{5}$$

$$\therefore p=\frac{3}{5}$$

$p=\dfrac{3}{5}$을 ㉠에 대입하면

$$n=150$$

05 확률변수 X가 이항분포 $\mathrm{B}(25, p)$를 따르므로

$\mathrm{P}(X=2)=48\mathrm{P}(X=1)$에서

$${}_{25}\mathrm{C}_2\,p^2(1-p)^{23}=48\,{}_{25}\mathrm{C}_1\,p(1-p)^{24}$$

$$\frac{25\times24}{2}\times p^2(1-p)^{23}=48\times25\times p(1-p)^{24}$$

$$p=4(1-p) \qquad \therefore p=\frac{4}{5}$$

즉, 확률변수 X가 이항분포 $\mathrm{B}\left(25, \dfrac{4}{5}\right)$를 따르므로

$$\mathrm{E}(X)=25\times\frac{4}{5}=20$$

$$\mathrm{V}(X)=25\times\frac{4}{5}\times\frac{1}{5}=4$$

이때 $\mathrm{V}(X)=\mathrm{E}(X^2)-\{\mathrm{E}(X)\}^2$이므로

$$\mathrm{E}(X^2)=\mathrm{V}(X)+\{\mathrm{E}(X)\}^2$$
$$=4+20^2=404$$

06 사건 A가 일어나려면 m은 1 또는 2가 되어야 하므로

$$\mathrm{P}(A)=\frac{2}{6}=\frac{1}{3}$$

따라서 확률변수 X는 이항분포 $\mathrm{B}\left(15, \dfrac{1}{3}\right)$을 따르므로

$$\mathrm{E}(X)=15\times\frac{1}{3}=5$$

07 한 개의 주사위를 n번 던질 때 1 또는 2의 눈이 나오는 확률은 $\dfrac{2}{6}=\dfrac{1}{3}$

따라서 큰수의 법칙에 의하여 n이 커짐에 따라 확률 $\mathrm{P}\left(\left|\dfrac{X}{n}-\dfrac{1}{3}\right|<0.1\right)$의 값은 1에 가까워진다.

01 확률변수 X가 취할 수 있는 값은 0, 1, 2, 3이고

$$\mathrm{P}(X=1)={}_3\mathrm{C}_1\left(\frac{1}{2}\right)^1\left(\frac{1}{2}\right)^2=\frac{3}{8},$$

$$\mathrm{P}(X=2)={}_3\mathrm{C}_2\left(\frac{1}{2}\right)^2\left(\frac{1}{2}\right)^1=\frac{3}{8},$$

$$\mathrm{P}(X=3)={}_3\mathrm{C}_3\left(\frac{1}{2}\right)^3=\frac{1}{8}$$

따라서 X의 확률분포는 다음 표와 같다.

X	0	1	2	3	합계
$\mathrm{P}(X=x)$	$\dfrac{1}{8}$	$\dfrac{3}{8}$	$\dfrac{3}{8}$	$\dfrac{1}{8}$	1

$$\therefore a=\frac{3}{8}, \; b=\frac{3}{8}, \; c=\frac{1}{8}$$

02 확률변수 X가 취할 수 있는 값은 0, 1, 2, 3이고 흰 공 2개와 검은 공 1개를 동시에 꺼내야 하므로

$$\mathrm{P}(X=2)=\frac{{}_3\mathrm{C}_2\times{}_4\mathrm{C}_1}{{}_7\mathrm{C}_3}=\frac{12}{35}$$

따라서 $p=35, \; q=12$이므로

$$p+q=47$$

03 확률질량함수의 성질에 의하여

$$\mathrm{P}(X=0)+\mathrm{P}(X=1)+\mathrm{P}(X=2)+\mathrm{P}(X=3)+\mathrm{P}(X=4)$$

$$=\frac{1}{12}+a+\frac{1}{12}+a+\frac{1}{12}=1$$

즉, $2a=\dfrac{3}{4}$이므로 $a=\dfrac{3}{8}$

따라서 확률변수 X의 확률질량함수는

$$\mathrm{P}(X=x)=\begin{cases}\dfrac{1}{12} & (x=0,\ 2,\ 4) \\[2mm] \dfrac{3}{8} & (x=1,\ 3)\end{cases}$$

$$\therefore \mathrm{P}(1 \le X \le 4)$$
$$= \mathrm{P}(X=1)+\mathrm{P}(X=2)+\mathrm{P}(X=3)+\mathrm{P}(X=4)$$
$$= \frac{3}{8}+\frac{1}{12}+\frac{3}{8}+\frac{1}{12}=\frac{11}{12}$$

다른 풀이

$$\mathrm{P}(1 \le X \le 4)=1-\mathrm{P}(X=0)=1-\frac{1}{12}=\frac{11}{12}$$

04 **[1단계]**

$$\mathrm{E}(X)=\mathrm{P}(X=1)+2\mathrm{P}(X=2)+3\mathrm{P}(X=3)$$
$$+4\mathrm{P}(X=4)+5\mathrm{P}(X=5)$$
$$=4$$
$$\mathrm{E}(Y)=\mathrm{P}(Y=1)+2\mathrm{P}(Y=2)+3\mathrm{P}(Y=3)$$
$$+4\mathrm{P}(Y=4)+5\mathrm{P}(Y=5)$$
$$=a$$

[2단계]

이때

$$\mathrm{P}(Y=1)=\frac{1}{2}\mathrm{P}(X=1)+\frac{1}{10}$$
$$\mathrm{P}(Y=2)=\frac{1}{2}\mathrm{P}(X=2)+\frac{1}{10}$$
$$\vdots$$
$$\mathrm{P}(Y=5)=\frac{1}{2}\mathrm{P}(X=5)+\frac{1}{10}$$

이므로
$$\mathrm{E}(Y)$$
$$=\frac{1}{2}\times\{\mathrm{P}(X=1)+2\mathrm{P}(X=2)+\cdots+5\mathrm{P}(X=5)\}$$
$$+\frac{1}{10}(1+2+\cdots+5)$$
$$=\frac{1}{2}\mathrm{E}(X)+\frac{1}{10}\times15$$
$$=\frac{1}{2}\times4+\frac{3}{2}=\frac{7}{2}$$

따라서 $a=\frac{7}{2}$이므로

$$8a=8\times\frac{7}{2}=28$$

다른 풀이

「수학 Ⅰ」을 학습한 학생은 아래와 같이 풀 수 있다.

$$\mathrm{E}(X)=\sum_{k=1}^{5}k\mathrm{P}(X=k)=4$$
$$\mathrm{E}(Y)=\sum_{k=1}^{5}k\mathrm{P}(Y=k)=\sum_{k=1}^{5}k\left\{\frac{1}{2}\mathrm{P}(X=k)+\frac{1}{10}\right\}$$
$$=\frac{1}{2}\sum_{k=1}^{5}k\mathrm{P}(X=k)+\frac{1}{10}\sum_{k=1}^{5}k$$
$$=\frac{1}{2}\times4+\frac{1}{10}\times\frac{5\times6}{2}=\frac{7}{2}$$

따라서 $a=\frac{7}{2}$이므로 $8a=8\times\frac{7}{2}=28$

05 $\mathrm{E}(X)=(-5)\times\frac{1}{5}+0\times\frac{1}{5}+5\times\frac{3}{5}$
$$=-1+0+3=2$$
$$\therefore \mathrm{E}(4X+3)=4\mathrm{E}(X)+3=4\times2+3=11$$

06 ①, ②, ③, ⑤ 분산 $\mathrm{V}(X)$를 뜻한다.

④ $\mathrm{V}(X)=\mathrm{E}(X^2)-\{\mathrm{E}(X)\}^2$이므로
$$\mathrm{E}(X^2)=\mathrm{V}(X)+\{\mathrm{E}(X)\}^2$$
$$=\mathrm{V}(X)+m$$

이때 $m\neq0$이면 $\mathrm{E}(X^2)\neq\mathrm{V}(X)$이다.

참고

「수학 Ⅰ」에서 배운 합의 기호 $\sum$를 이용하면 분산 $\mathrm{V}(X)$를 다음과 같이 나타낼 수 있다.

$$\mathrm{V}(X)=\mathrm{E}((X-m)^2)+\sum_{i=1}^{n}(x_i-m^2)p_i$$
$$=\sum_{i=1}^{n}x_i^2p_i-m^2=\mathrm{E}(X^2)-\{\mathrm{E}(X)\}^2$$

07 확률의 총합은 1이므로

$$a+b+c=1 \qquad \cdots\cdots ㉠$$

$\mathrm{E}(X)=1$이므로
$$0\times a+1\times b+2\times c=1$$
$$\therefore b+2c=1 \qquad \cdots\cdots ㉡$$

$\mathrm{V}(X)=\frac{1}{4}$이므로
$$0^2\times a+1^2\times b+2^2\times c-1^2=\frac{1}{4}$$
$$\therefore b+4c=\frac{5}{4} \qquad \cdots\cdots ㉢$$

㉡, ㉢을 연립하여 풀면

$$b=\frac{3}{4},\ c=\frac{1}{8}$$

이를 ㉠에 대입하면

$$a=\frac{1}{8}$$
$$\therefore \mathrm{P}(X=0)=a=\frac{1}{8}$$

08 확률변수 X가 취하는 값은 1, 2, 3, $\cdots$, 99이고 확률변수 Y, Z가 취하는 값은 2, 4, 6, $\cdots$, 198이다.

따라서 세 확률변수 X, Y, Z에 대하여

$Y=Z=2X$이므로

$$\mathrm{V}(Y)=\mathrm{V}(Z)=\mathrm{V}(2X)=4\mathrm{V}(X)$$
$$\therefore \mathrm{V}(X)<\mathrm{V}(Y)=\mathrm{V}(Z)$$

09 확률변수 X의 평균을 $\mathrm{E}(X)$, 표준편차를 $\sigma(X)$라고 하면
$$\mathrm{E}(X)=m,\ \sigma(X)=\sigma\ (\sigma>0)$$

확률변수 $T=10\left(\dfrac{X-m}{\sigma}\right)+50$에 대하여

$$\mathrm{E}(T)=\mathrm{E}\left(10\left(\frac{X-m}{\sigma}\right)+50\right)$$
$$=\mathrm{E}\left(\frac{10}{\sigma}X-\frac{10m}{\sigma}+50\right)$$
$$=\frac{10}{\sigma}\mathrm{E}(X)-\frac{10m}{\sigma}+50$$
$$=\frac{10m}{\sigma}-\frac{10m}{\sigma}+50=50$$

$$\sigma(T)=\sigma\!\left(10\left(\frac{X-m}{\sigma}\right)+50\right)$$
$$=\sigma\!\left(\frac{10}{\sigma}X-\frac{10m}{\sigma}+50\right)$$
$$=\left|\frac{10}{\sigma}\right|\sigma(X)$$
$$=\frac{10}{\sigma}\times\sigma=10$$

따라서 T점수의 평균은 50점, 표준편차는 10점이다.

10 주사위를 던져 2 이하의 눈이 나와 주머니에 무게가 1인 추를 넣을 확률은 $\dfrac{1}{3}$이고, 3 이상의 눈이 나와 주머니에 무게가 2인 추를 넣을 확률은 $\dfrac{2}{3}$이다.

(i) $X=3$인 사건은 주머니에 무게가 2인 추 3개가 들어 있는 경우이므로

$$\mathrm{P}(X=3)=\left(\frac{2}{3}\right)^3=\boxed{\frac{8}{27}}$$

(ii) $X=4$인 사건은 세 번째 시행까지 넣은 추의 총무게가 4이고 네 번째 시행에서 무게가 2인 추를 넣는 경우와 세 번째 시행까지 넣은 추의 총무게가 5인 경우로 나눌 수 있다. 그러므로

$$\mathrm{P}(X=4)={}_3\mathrm{C}_2\left(\frac{1}{3}\right)^2\left(\frac{2}{3}\right)^1\times\frac{2}{3}+{}_3\mathrm{C}_1\left(\frac{1}{3}\right)^1\left(\frac{2}{3}\right)^2$$
$$=\boxed{\frac{4}{27}}+{}_3\mathrm{C}_1\left(\frac{1}{3}\right)^1\left(\frac{2}{3}\right)^2$$

(iii) $X=5$인 사건은 네 번째 시행까지 넣은 추의 총무게가 4이고 다섯 번째 시행에서 무게가 2인 추를 넣는 경우와 네 번째 시행까지 넣은 추의 총무게가 5인 경우로 나눌 수 있다. 그러므로

$$\mathrm{P}(X=5)={}_4\mathrm{C}_4\left(\frac{1}{3}\right)^4\left(\frac{2}{3}\right)^0\times\frac{2}{3}+{}_4\mathrm{C}_3\left(\frac{1}{3}\right)^3\left(\frac{2}{3}\right)^1$$
$$={}_4\mathrm{C}_4\left(\frac{1}{3}\right)^4\left(\frac{2}{3}\right)^0\times\frac{2}{3}+\boxed{\frac{8}{81}}$$

따라서 $a=\dfrac{8}{27}$, $b=\dfrac{4}{27}$, $c=\dfrac{8}{81}$이므로

$$\frac{ab}{c}=\frac{\dfrac{8}{27}\times\dfrac{4}{27}}{\dfrac{8}{81}}=\frac{4}{9}$$

11 [1단계]

$Y=10X-2.21$이라고 하자. 확률변수 Y의 확률분포를 표로 나타내면 다음과 같다.

Y	-1	0	1	합계
$\mathrm{P}(Y=y)$	a	b	$\dfrac{2}{3}$	1

확률의 총합이 1이므로 $a+b+\dfrac{2}{3}=1$

$$\therefore a+b=\frac{1}{3}$$

또, $\mathrm{E}(Y)=10\mathrm{E}(X)-2.21=0.5$이므로

$$-1\times a+0\times b+1\times\frac{2}{3}=-a+\frac{2}{3}=\frac{1}{2}$$

따라서 $a=\boxed{\dfrac{1}{6}}$, $b=\boxed{\dfrac{1}{6}}$이고 $\mathrm{V}(Y)=\dfrac{7}{12}$이다.

[2단계]

한편, $Y=10X-2.21$이므로

$$\mathrm{V}(Y)=10^2\mathrm{V}(X)=\boxed{100}\times\mathrm{V}(X)\text{이다.}$$

따라서 $\mathrm{V}(X)=\dfrac{1}{\boxed{100}}\times\dfrac{7}{12}$이다.

[3단계]

따라서 $p=\dfrac{1}{6}$, $q=\dfrac{1}{6}$, $r=100$이므로

$$pqr=\frac{1}{6}\times\frac{1}{6}\times100=\frac{25}{9}$$

12 이항분포 $\mathrm{B}\left(100,\dfrac{1}{5}\right)$를 따르는 확률변수 X의 표준편차는

$$\sigma(X)=\sqrt{100\times\frac{1}{5}\times\frac{4}{5}}=4$$
$$\therefore \sigma(4X+1)=4\sigma(X)=4\times4=16$$

13 $\mathrm{V}(X)=n\times\dfrac{1}{3}\times\dfrac{2}{3}=\dfrac{2}{9}n$이므로

$$\mathrm{V}(3X)=3^2\mathrm{V}(X)=9\times\frac{2}{9}n$$

즉, $2n=40$이므로
$$n=20$$

14 한 개의 주사위를 던질 때 6의 약수의 눈이 나올 확률은 $\dfrac{2}{3}$

따라서 확률변수 X는 이항분포 $\mathrm{B}\left(6,\dfrac{2}{3}\right)$를 따르므로

$$\mathrm{P}(X=2)={}_6\mathrm{C}_2\left(\frac{2}{3}\right)^2\left(\frac{1}{3}\right)^4=\frac{20}{3^5}$$
$$\mathrm{P}(X=3)={}_6\mathrm{C}_3\left(\frac{2}{3}\right)^3\left(\frac{1}{3}\right)^3=\frac{160}{3^6}$$
$$\therefore \frac{\mathrm{P}(X=3)}{\mathrm{P}(X=2)}=\frac{\dfrac{160}{3^6}}{\dfrac{20}{3^5}}$$
$$=\frac{8}{3}$$

따라서 $p=3$, $q=8$이므로 $p+q=11$

15 [1단계]

확률변수 X가 이항분포 $\mathrm{B}(n,\,p)$를 따르므로
$$\mathrm{E}(X)=np$$

이때 $\mathrm{E}(3X)=18$에서
$$3\mathrm{E}(X)=3np=18$$
$$\therefore \mathrm{E}(X)=np=6 \qquad\cdots\cdots\ \unicode{x27E1}$$

$\mathrm{E}(3X^2)=120$에서 $3\mathrm{E}(X^2)=120$
$$\therefore \mathrm{E}(X^2)=40 \qquad\cdots\cdots\ \unicode{x27E2}$$

$\mathrm{V}(X)=np(1-p)=\mathrm{E}(X^2)-\{\mathrm{E}(X)\}^2$이므로 ㉠, ㉡을 대입하면

$6(1-p)=40-6^2=4$, $1-p=\dfrac{2}{3}$

$\therefore p=\dfrac{1}{3}$

[2단계]

$p=\dfrac{1}{3}$을 ㉠에 대입하면 $n=18$

16 한 모둠에서 A지역 학생만 두 명 선택될 확률은

$\dfrac{{}_3\mathrm{C}_2}{{}_5\mathrm{C}_2}=\dfrac{3}{10}$

모둠이 10개가 있으므로 확률변수 X는 이항분포

$\mathrm{B}\!\left(10,\ \dfrac{3}{10}\right)$을 따른다.

$\therefore \mathrm{E}(X)=10\times\dfrac{3}{10}=3$

17 확률변수 X가 이항분포 $\mathrm{B}(9,\ p)$를 따르므로

$\mathrm{E}(X)=9p$, $\mathrm{V}(X)=9p(1-p)$

$\{\mathrm{E}(X)\}^2=\mathrm{V}(X)$이므로

$81p^2=9p(1-p)$, $90p^2-9p=0$

$9p(10p-1)=0$

$\therefore p=\dfrac{1}{10}\ (\because 0<p<1)$

18 [1단계]

한 상자에 들어 있는 50개의 제품을 모두 검사할 때 나오는 불량품의 개수를 확률변수 X라 하고, 불량품이 나올 확률을 p라고 하면 확률변수 X는 이항분포 $\mathrm{B}(50,\ p)$를 따른다.

[2단계]

확률변수 X가 이항분포 $\mathrm{B}(50,\ p)$를 따르므로

$\mathrm{E}(X)=m=50p$

$\mathrm{V}(X)=50p(1-p)=\dfrac{48}{25}$에서

$p(1-p)=\dfrac{48}{25}\times\dfrac{1}{50}=\dfrac{24}{25}\times\dfrac{1}{25}$

$\therefore p=\dfrac{24}{25}$ 또는 $p=\dfrac{1}{25}$

이때 $m=50p$이고 m은 5 이하의 자연수이므로

$50p\leq5$, $p\leq\dfrac{1}{10}$

$\therefore p=\dfrac{1}{25}$

$\therefore m=50\times\dfrac{1}{25}=2$

[3단계]

주어진 조건에서 사후 관리 비용의 기댓값은

$\mathrm{E}(aX)=a\mathrm{E}(X)=2a$

즉, $2a=60000$이어야 하므로

$a=30000$

$\therefore \dfrac{a}{1000}=30$

19 한 개의 주사위를 n번 던질 때 4의 약수의 눈이 나올 확률은

$\dfrac{3}{6}=\dfrac{1}{2}$

n이 한없이 커지면 확률 $\mathrm{P}\!\left(\left|\dfrac{X}{n}-p\right|<0.1\right)$의 값이 1에 가까워지므로 큰수의 법칙에 의하여

$p=\dfrac{1}{2}$

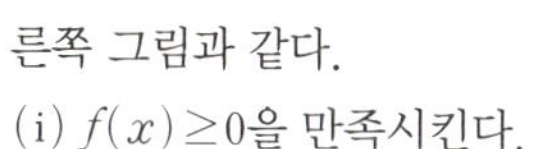

11 연속확률분포

p. 42

01 $\dfrac{1}{4}$　　**02** ②　　**03** $\dfrac{2}{3}$　　**04** ③　　**05** 4

06 4　　**07** 47

01 함수 $y=f(x)$의 그래프와 x축 및 직선 $x=5$로 둘러싸인 부분의 넓이가 1이므로

$\dfrac{1}{2}\times k\times2+k\times(5-2)=1$

$4k=1$　　$\therefore k=\dfrac{1}{4}$

02 ㄱ. 함수 $y=f(x)$의 그래프는 오른쪽 그림과 같다.

(ⅰ) $f(x)\geq0$을 만족시킨다.

(ⅱ) 함수 $y=f(x)$의 그래프와 x축 및 두 직선 $x=-1$, $x=1$로 둘러싸인 부분의 넓이는

$2\times1-\dfrac{1}{2}\times2\times1=1$

따라서 $f(x)=|x|$는 확률밀도함수이다.

ㄴ. 함수 $y=f(x)$의 그래프는 오른쪽 그림과 같다.

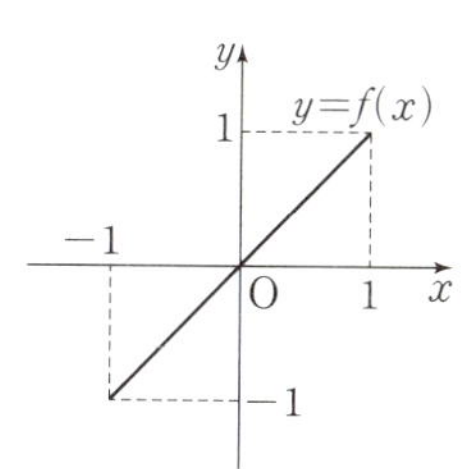

이때 $-1\leq x\leq0$에서 $f(x)<0$이므로 $f(x)=x$는 확률밀도함수가 아니다.

ㄷ. 함수 $y=f(x)$의 그래프는 오른쪽 그림과 같다.

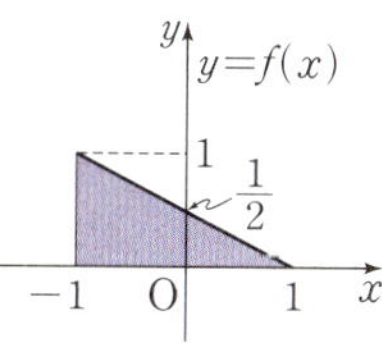

(ⅰ) $f(x)\geq0$을 만족시킨다.

(ⅱ) 함수 $y=f(x)$의 그래프와 x축 및 직선 $x=-1$로 둘러싸인 부분의 넓이는

$\dfrac{1}{2}\times2\times1=1$

따라서 $f(x)=-\dfrac{1}{2}x+\dfrac{1}{2}$은 확률밀도함수이다.

ㄹ. 함수 $y=f(x)$의 그래프는 오른쪽 그림과 같다.

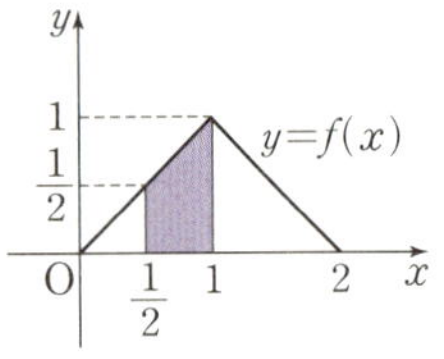

  (i) $f(x)\geq0$을 만족시킨다.

  (ii) 함수 $y=f(x)$의 그래프와 x축 및 두 직선 $x=-1$, $x=1$로 둘러싸인 부분의 넓이는 $2\times1=2$

따라서 $f(x)=1$은 확률밀도함수가 아니다.

이상에서 연속확률변수 X의 확률밀도함수가 될 수 있는 것은 ㄱ, ㄷ이다.

03 함수 $y=f(x)$의 그래프와 x축으로 둘러싸인 부분의 넓이가 1이므로

$$\frac{1}{2}\times(2+4)\times k=1$$

$$3k=1 \qquad \therefore k=\frac{1}{3}$$

$$\therefore P(1\leq X\leq3)=2\times\frac{1}{3}=\frac{2}{3}$$

04 함수 $y=f(x)$의 그래프와 x축 및 직선 $x=1$로 둘러싸인 부분의 넓이가 1이므로

$$\frac{1}{2}\times1\times k=1$$

$$\therefore k=2$$

$P\left(\frac{1}{2}\leq X\leq1\right)$은 오른쪽 그림에서 색칠한 부분의 넓이와 같으므로

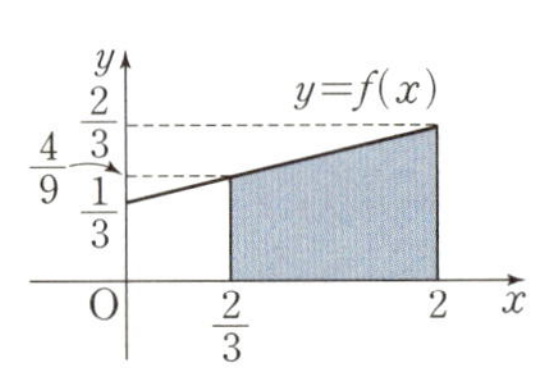

$$P\left(\frac{1}{2}\leq X\leq1\right)$$
$$=\frac{1}{2}\times(1+2)\times\frac{1}{2}=\frac{3}{4}$$

05 $-2\leq x\leq2$에서 정의된 연속확률변수 X의 확률밀도함수이므로

$$P(-2\leq X\leq2)=P(-2\leq X\leq1)+P(1\leq X\leq2)$$
$$=1$$
$$P(1\leq X\leq2)=1-P(-2\leq X\leq1)$$
$$=1-\frac{3}{4}=\frac{1}{4}$$

$$\therefore a=4$$

06 x의 값의 범위에 따른 확률변수 X의 확률밀도함수의 그래프는 오른쪽 그림과 같고 함수 $y=f(x)$의 그래프와 x축으로 둘러싸인 부분의 넓이가 1이므로

$$\frac{1}{2}\times2\times k=1 \qquad \therefore k=1$$

이때

$$P\left(\frac{1}{2}\leq X<1\right)=\frac{1}{2}\times\left(\frac{1}{2}+1\right)\times\frac{1}{2}=\frac{3}{8}$$이므로

$$8P\left(\frac{1}{2}\leq X<1\right)=8\times\frac{3}{8}=3$$

$$\therefore k+8P\left(\frac{1}{2}\leq X<1\right)=1+3=4$$

07 함수 $y=f(x)$의 그래프는 기울기가 $\frac{2k-k}{2-0}=\frac{k}{2}$이고 y절편이 k인 직선이므로

$$f(x)=\frac{k}{2}x+k\ (0\leq x\leq2)$$

함수 $y=f(x)$의 그래프와 x축 및 두 직선 $x=0$, $x=2$로 둘러싸인 부분의 넓이가 1이므로

$$\frac{1}{2}\times(k+2k)\times2=1,\ 3k=1$$

$$\therefore k=\frac{1}{3}$$

따라서 $f(x)=\frac{1}{6}x+\frac{1}{3}$이고, $x=2k=\frac{2}{3}$일 때

$$f\left(\frac{2}{3}\right)=\frac{4}{9}$$이므로

$$P\left(\frac{2}{3}\leq x\leq2\right)$$

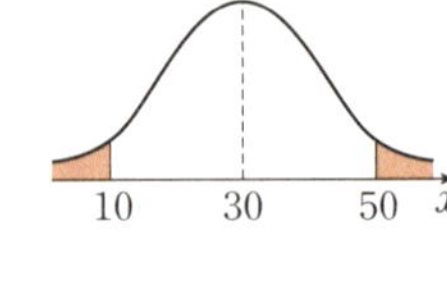

$$=\frac{1}{2}\times\left(\frac{4}{9}+\frac{2}{3}\right)\times\left(2-\frac{2}{3}\right)$$
$$=\frac{20}{27}$$

따라서 $p=27$, $q=20$이므로
$$p+q=47$$

---

01 정규분포 $N(30, 2^2)$에서

$m=30$, $\sigma=2$

이때 정규분포곡선은 직선 $m=30$에 대하여 대칭이므로

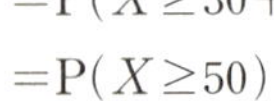

$$P(X\leq10)=P(X\leq30-20)$$
$$=P(X\geq30+20)$$
$$=P(X\geq50)$$

$$\therefore a=50$$

$$\therefore m+\sigma+a=30+2+50=82$$

02 A 회사의 임금을 X만 원이라고 하면 X는 정규분포 $N(120, 50^2)$을 따르고, B 회사의 임금을 Y만 원이라고 하면 Y는 정규분포 $N(150, 60^2)$을 따른다.

A 회사 내의 수준과 같은 수준으로 B 회사로 옮기려면 임금을 표준화한 값이 같아야 하므로

$$\frac{170-120}{50}=\frac{Y-150}{60}$$

즉, $\dfrac{Y-150}{60}=1$이므로

$$Y=210(만 원)$$

03 국어 성적은 정규분포 $\mathrm{N}(60,\ 20^2)$을 따르므로

$$Z_1=\frac{80-60}{20}=1$$

영어 성적은 정규분포 $\mathrm{N}(60,\ 18^2)$을 따르므로

$$Z_2=\frac{82-60}{18}=\frac{11}{9}$$

수학 성적은 정규분포 $\mathrm{N}(80,\ 9^2)$을 따르므로

$$Z_3=\frac{90-80}{9}=\frac{10}{9}$$

사회 성적은 정규분포 $\mathrm{N}(55,\ 7^2)$을 따르므로

$$Z_4=\frac{70-55}{7}=\frac{15}{7}$$

과학 성적은 정규분포 $\mathrm{N}(50,\ 3^2)$을 따르므로

$$Z_5=\frac{58-50}{3}=\frac{8}{3}$$

$$\therefore Z_1<Z_3<Z_2<Z_4<Z_5$$

따라서 상대적으로 성적이 우수한 과목은 과학이다.

04 $\mathrm{P}(49\le X\le 52)$

$=\mathrm{P}\left(\dfrac{49-50}{2}\le Z\le\dfrac{52-50}{2}\right)$

$=\mathrm{P}(-0.5\le Z\le 1)$

$=\mathrm{P}(0\le Z\le 0.5)+\mathrm{P}(0\le Z\le 1)$

$=0.1915+0.3413$

$=0.5328$

05 $X>40$이면 지각하므로 구하는 확률은

$\mathrm{P}(X>40)=\mathrm{P}\left(Z>\dfrac{40-30}{5}\right)$

$\qquad\qquad\ =\mathrm{P}(Z>2)$

$\qquad\qquad\ =0.5-\mathrm{P}(0\le Z\le 2)$

$\qquad\qquad\ =0.5-0.4772$

$\qquad\qquad\ =0.0228$

06 150명 중 아침을 먹고 등교하는 학생 수를 확률변수 X라고 하면 X는 이항분포 $\mathrm{B}(150,\ 0.4)$를 따르므로

$\mathrm{E}(X)=150\times 0.4=60$

$\sigma(X)=\sqrt{150\times 0.4\times 0.6}=6$

이때 150은 충분히 큰 수이므로 X는 근사적으로 정규분포 $\mathrm{N}(60,\ 6^2)$을 따른다.

따라서 구하는 확률은

$\mathrm{P}(X\ge 66)=\mathrm{P}\left(Z\ge\dfrac{66-60}{6}\right)$

$\qquad\qquad\ =\mathrm{P}(Z\ge 1)$

$\qquad\qquad\ =\mathrm{P}(Z\ge 0)-\mathrm{P}(0\le Z\le 1)$

$\qquad\qquad\ =0.5-0.3413$

$\qquad\qquad\ =0.1587$

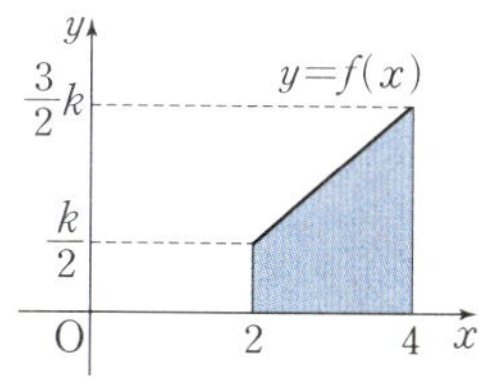

01 ②	**02** ③	**03** $\frac{2}{3}$	**04** 10	**05** ④
06 ⑤	**07** ④	**08** $a=\frac{1}{4},\ b=\frac{1}{4}$		**09** $\frac{3}{4}$
10 5	**11** ③	**12** 수학Ⅰ, 한국사, 경제, 영어		
13 98점	**14** 640	**15** 297점	**16** 35	**17** ③
18 ②	**19** 155			

01 함수 $y=f(x)$의 그래프는 오른쪽 그림과 같다.

이때 함수 $y=f(x)$의 그래프와 x축 및 두 직선 $x=2$, $x=4$로 둘러싸인 부분의 넓이가 1이므로

$$\frac{1}{2}\times\left(\frac{k}{2}+\frac{3}{2}k\right)\times 2=1$$

$$2k=1\qquad\therefore k=\frac{1}{2}$$

02 주어진 확률밀도함수의 그래프와 x축, y축으로 둘러싸인 부분의 넓이가 1이므로

$$\frac{1}{2}\times a+\frac{1}{2}\times\frac{1}{2}\times a=1,\ \frac{3}{4}a=1$$

$$\therefore a=\frac{4}{3}$$

03 주어진 확률밀도함수의 그래프와 x축 및 두 직선 $x=0$, $x=3$으로 둘러싸인 부분의 넓이가 1이므로

$$3\times k+\frac{1}{2}\times 3\times(3k-k)=1,\ 6k=1$$

$$\therefore k=\frac{1}{6}$$

따라서 $\mathrm{P}(0\le X\le 2)$는 다음 그림의 색칠한 부분의 넓이와 같으므로

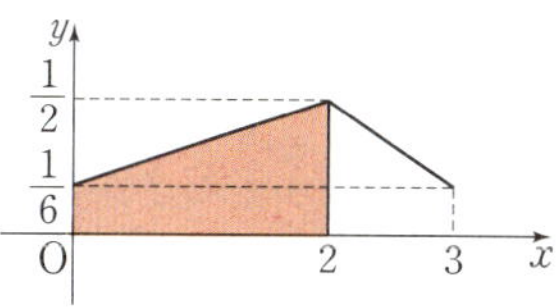

$$\mathrm{P}(0\le X\le 2)=\frac{1}{2}\times\left(\frac{1}{6}+\frac{1}{2}\right)\times 2=\frac{2}{3}$$

다른 풀이

「수학Ⅱ」를 학습한 학생은 아래와 같이 풀 수 있다.

[1단계]

연속확률변수 X의 확률밀도함수를 $f(x)$라고 하면

$$f(x)=\begin{cases}kx+k & (0\le x\le 2)\\ -2kx+7k & (2\le x\le 3)\end{cases}$$

확률밀도함수의 그래프와 x축 및 두 직선 $x=0$, $x=3$으로 둘러싸인 도형의 넓이가 1이므로

$$\int_0^2 f(x)dx+\int_2^3 f(x)dx$$

$$=\int_0^2 (kx+k)dx+\int_2^3 (-2kx+7k)dx$$

$$=\left[\frac{k}{2}x^2+kx\right]_0^2+\left[-kx^2+7kx\right]_2^3$$

$$=4k+(12k-10k)$$

$$=6k=1$$

$$\therefore k=\frac{1}{6}$$

[2단계]

즉, $f(x)=\begin{cases}\dfrac{1}{6}x+\dfrac{1}{6} & (0\leq x\leq 2)\\[2mm] -\dfrac{1}{3}x+\dfrac{7}{6} & (2\leq x\leq 3)\end{cases}$ 이므로

$$P(0\leq X\leq 2)=\int_0^2 f(x)dx$$

$$=\int_0^2\left(\frac{1}{6}x+\frac{1}{6}\right)dx$$

$$=\left[\frac{1}{12}x^2+\frac{1}{6}x\right]_0^2$$

$$=\frac{1}{3}+\frac{1}{3}=\frac{2}{3}$$

04 $P(0\leq X\leq 3)=1$이므로

$$3a=1 \quad \therefore a=\frac{1}{3}$$

따라서 $P(x\leq X\leq 3)=\dfrac{1}{3}(3-x)\ (0\leq x\leq 3)$이므로

$$P(0\leq X\leq a)=P\left(0\leq X\leq\frac{1}{3}\right)$$

$$=P(0\leq X\leq 3)-P\left(\frac{1}{3}\leq X\leq 3\right)$$

$$=1-\frac{1}{3}\times\left(3-\frac{1}{3}\right)=\frac{1}{9}$$

즉, $p=9,\ q=1$이므로 $p+q=10$

「수학Ⅱ」를 학습한 학생은 아래와 같이 풀 수 있다.
$$P(x\leq X\leq 3)=a(3-x)\ (0\leq x\leq 3)$$
이므로 X의 확률밀도함수를 $f(x)$라고 하면
$$P(x\leq X\leq 3)=\int_x^3 f(x)dx=a(3-x)\ (0\leq x\leq 3)$$

$\displaystyle\int_x^3 f(x)dx=a(3-x)$에서 양변을 x에 대하여 미분하면

$$-f(x)=-a \quad \therefore f(x)=a$$

이때 $\displaystyle\int_0^3 f(x)dx=1$이므로

$$\int_0^3 a\,dx=\left[ax\right]_0^3=3a=1 \quad \therefore a=\frac{1}{3}$$

$$P\left(0\leq X<\frac{1}{3}\right)=\int_0^{\frac{1}{3}} f(x)dx$$

$$=\int_0^{\frac{1}{3}}\frac{1}{3}dx$$

$$=\left[\frac{1}{3}x\right]_0^{\frac{1}{3}}=\frac{1}{9}$$

$$\therefore p+q=9+1=10$$

05 x의 값의 범위에 따른 확률변수 X의 확률밀도함수 $y=f(x)$의 그래프는 다음 그림과 같다.

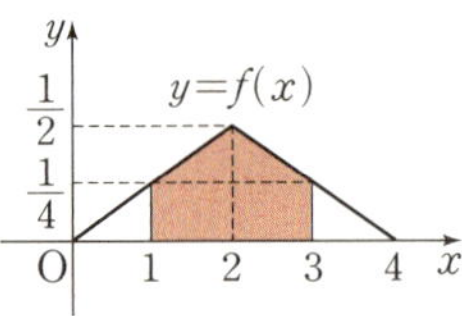

$$\therefore P(1\leq X\leq 3)$$

$$=\frac{1}{2}\times\left(\frac{1}{4}+\frac{1}{2}\right)\times(2-1)+\frac{1}{2}\times\left(\frac{1}{4}+\frac{1}{2}\right)\times(3-2)$$

$$=\frac{3}{8}+\frac{3}{8}=\frac{3}{4}$$

「수학Ⅱ」를 학습한 학생은 아래와 같이 풀 수 있다.

$$P(1\leq X\leq 3)=\int_1^3 f(x)dx$$

$$=\int_1^2\frac{1}{4}x\,dx+\int_2^3\left(1-\frac{1}{4}x\right)dx$$

$$=\left[\frac{1}{8}x^2\right]_1^2+\left[x-\frac{1}{8}x^2\right]_2^3$$

$$=\frac{3}{4}$$

06 함수 $y=f(x)$의 그래프와 x축 및 두 직선 $x=-1$, $x=1$로 둘러싸인 부분의 넓이가 1이므로

$$\frac{1}{2}\times 2\times a=1 \quad \therefore a=1$$

$P\left(|x|\leq\dfrac{1}{3}\right)$은 오른쪽 그림의 색칠한 부분의 넓이와 같으므로

$$P\left(|x|\leq\frac{1}{3}\right)$$

$$=P\left(-\frac{1}{3}\leq X\leq\frac{1}{3}\right)$$

$$=2P\left(0\leq X\leq\frac{1}{3}\right)$$

$$=2\times\frac{1}{2}\times\left(1+\frac{2}{3}\right)\times\frac{1}{3}$$

$$=\frac{5}{9}$$

「수학Ⅱ」를 학습한 학생은 아래와 같이 풀 수 있다.

[1단계]

확률변수 X의 확률밀도함수가

$$f(x)=\begin{cases}a+ax & (-1\leq x\leq 0)\\ a-ax & (0\leq x\leq 1)\end{cases}$$

이때, $\displaystyle\int_{-1}^1 f(x)dx=1$이므로

$$\int_{-1}^1 f(x)dx=\int_{-1}^0 (a+ax)dx+\int_0^1 (a-ax)dx$$

$$=\left[ax+\frac{1}{2}ax^2\right]_{-1}^0+\left[ax-\frac{1}{2}ax^2\right]_0^1$$

$$=a-\frac{1}{2}a+a-\frac{1}{2}a$$

$$=a$$

$$\therefore a=1$$

[2단계]

한편, $\mathrm{P}\left(|x|\leq\dfrac{1}{3}\right)=\mathrm{P}\left(-\dfrac{1}{3}\leq X\leq\dfrac{1}{3}\right)$이므로

$$\mathrm{P}\left(|x|\leq\dfrac{1}{3}\right)=\int_{-\frac{1}{3}}^{\frac{1}{3}} f(x)\,dx$$

$$=\int_{-\frac{1}{3}}^{0}(1+x)\,dx+\int_{0}^{\frac{1}{3}}(1-x)\,dx$$

$$=\left[x+\dfrac{1}{2}x^2\right]_{-\frac{1}{3}}^{0}+\left[x-\dfrac{1}{2}x^2\right]_{0}^{\frac{1}{3}}$$

$$=\dfrac{5}{18}+\dfrac{5}{18}=\dfrac{5}{9}$$

07 연속확률변수 X의 확률밀도함수의 그래프가 직선 $x=2$에 대하여 대칭이므로

$$\mathrm{P}(2\leq X\leq 4)=\mathrm{P}(0\leq X\leq 2)=\dfrac{1}{2}$$

또, $\mathrm{P}(1\leq X\leq 2)=\mathrm{P}(2\leq X\leq 3)$이고

$\mathrm{P}(1\leq X\leq 3)=\dfrac{3}{4}$이므로

$$\mathrm{P}(1\leq X\leq 2)+\mathrm{P}(2\leq X\leq 3)=2\mathrm{P}(2\leq X\leq 3)=\dfrac{3}{4}$$

$$\therefore \mathrm{P}(2\leq X\leq 3)=\dfrac{3}{8}$$

$$\therefore \mathrm{P}(3\leq X\leq 4)=\mathrm{P}(2\leq X\leq 4)-\mathrm{P}(2\leq X\leq 3)$$

$$=\dfrac{1}{2}-\dfrac{3}{8}=\dfrac{1}{8}$$

08 함수 $y=f(x)$의 그래프는 다음 그림과 같다.

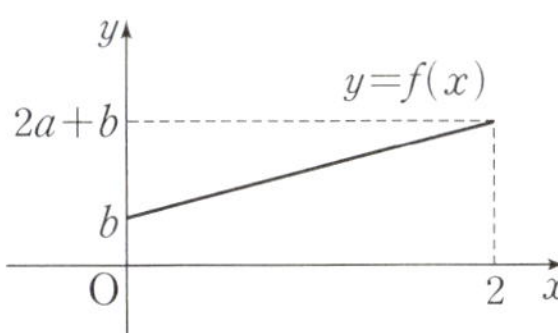

함수 $y=f(x)$의 그래프와 x축 및 두 직선 $x=0$, $x=2$로 둘러싸인 부분의 넓이가 1이므로

$$\dfrac{1}{2}\times\{b+(2a+b)\}\times 2=1,\ 2a+2b=1$$

$$\therefore a+b=\dfrac{1}{2} \qquad\qquad \cdots\cdots\ \unicode{x24BA}$$

또, $\mathrm{P}(0\leq X\leq 1)=\dfrac{3}{8}$이므로

$$\dfrac{1}{2}\times\{b+(a+b)\}\times 1=\dfrac{3}{8}$$

$$\therefore a+2b=\dfrac{3}{4} \qquad\qquad \cdots\cdots\ \unicode{x24BB}$$

$\unicode{x24BA}$, $\unicode{x24BB}$을 연립하여 풀면

$$a=\dfrac{1}{4},\ b=\dfrac{1}{4}$$

09 $f(x)=\begin{cases} k(x+2) & (-2\leq x<0) \\ -k(x-2) & (0\leq x\leq 2) \end{cases}$이므로 함수 $y=f(x)$의 그래프는 다음 그림과 같다.

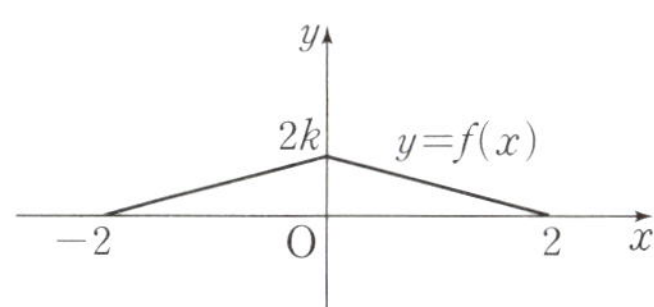

함수 $y=f(x)$의 그래프와 x축으로 둘러싸인 부분의 넓이가 1이므로

$$\dfrac{1}{2}\times 4\times 2k=1 \qquad \therefore k=\dfrac{1}{4}$$

즉, 확률변수 X의 확률밀도함수는

$$f(x)=\dfrac{1}{2}-\dfrac{1}{4}|x|\ (-2\leq x\leq 2)$$

$\mathrm{P}(X^2\leq 1)$
$=\mathrm{P}(-1\leq x\leq 1)$은 오른쪽 그림의 색칠한 부분의 넓이와 같으므로

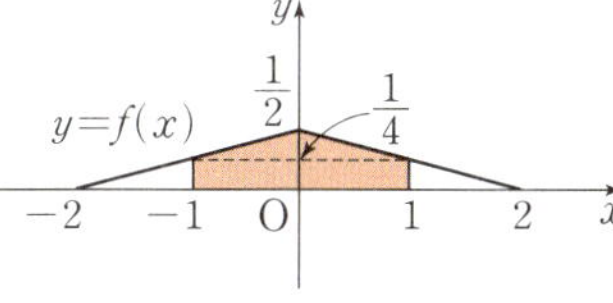

$$\mathrm{P}(X^2\leq 1)=\mathrm{P}(-1\leq x\leq 1)$$

$$=2\mathrm{P}(0\leq x\leq 1)$$

$$=2\times\dfrac{1}{2}\times\left(\dfrac{1}{2}+\dfrac{1}{4}\right)\times 1=\dfrac{3}{4}$$

10 함수 $y=f(x)$의 그래프와 x축 및 직선 $x=0$으로 둘러싸인 부분의 넓이가 1이므로

$$\dfrac{1}{2}\times(2a+3a)\times a+\dfrac{1}{2}\times(1-a)\times 3a=1$$

$$5a^2+3a-3a^2=2,\ 2a^2+3a-2=0$$

$$(2a-1)(a+2)=0$$

$$\therefore a=\dfrac{1}{2}\ (\because a>0)$$

$$\therefore 10a=10\times\dfrac{1}{2}=5$$

11 [1단계]

조건 ㈎에서 $f(10)>f(20)$이므로

$$|m-10|<|m-20|$$

(i) $m\geq 20$인 경우

$m-10<m-20$이므로 $10>20$

따라서 m의 값은 없다.

(ii) $10\leq m<20$인 경우

$m-10<20-m$이므로 $2m<30$

$\therefore 10\leq m<15$

(iii) $m<10$인 경우

$10-m<20-m$이므로 $10<20$

$\therefore m<10$

(i)~(iii)에 의하여 $m<15$ $\qquad\qquad \cdots\cdots\ \unicode{x24BA}$

[2단계]

조건 ㈏에서 $f(4)<f(22)$이므로

$$|m-4|>|m-22|$$

(iv) $m\geq 22$인 경우

$m-4>m-22$이므로 $4<22$

$\therefore m\geq 22$

(v) $4\leq m<22$인 경우

$m-4>22-m$이므로 $2m>26$

$\therefore\ 13<m<22$

(vi) $m<4$인 경우

$4-m>22-m$이므로 $4>22$

따라서 m의 값은 없다.

(iv)~(vi)에 의하여 $m>13$ $\qquad\qquad$ …… ㉡

[3단계]

㉠, ㉡에서 $13<m<15$이고 m이 자연수이므로

$m=14$

$$\therefore\ \mathrm{P}(17\leq X\leq 18)=\mathrm{P}\left(\frac{17-14}{5}\leq Z\leq\frac{18-14}{5}\right)$$
$$=\mathrm{P}(0.6\leq Z\leq 0.8)$$
$$=\mathrm{P}(0\leq Z\leq 0.8)-\mathrm{P}(0\leq Z\leq 0.6)$$
$$=0.288-0.226$$
$$=0.062$$

12 수학 Ⅰ 성적은 정규분포 $\mathrm{N}(70,\ 4^2)$을 따르므로

$$Z_1=\frac{78-70}{4}=2$$

영어 성적은 정규분포 $\mathrm{N}(79,\ 6^2)$을 따르므로

$$Z_2=\frac{82-79}{6}=\frac{1}{2}$$

경제 성적은 정규분포 $\mathrm{N}(71,\ 5^2)$을 따르므로

$$Z_3=\frac{76-71}{5}=1$$

한국사 성적은 정규분포 $\mathrm{N}(82,\ 2^2)$을 따르므로

$$Z_4=\frac{85-82}{2}=\frac{3}{2}$$

$$\therefore\ Z_2<Z_3<Z_4<Z_1$$

따라서 수학 Ⅰ, 한국사, 경제, 영어의 순서로 성적이 우수하다.

13 응시자가 받아야 할 점수를 확률변수 X라고 하면 X는 정규분포 $\mathrm{N}(89,\ 8^2)$을 따른다. 합격하기 위한 최소 점수를 a점이라고 하면

$$\mathrm{P}(X\geq a)=\frac{1429}{10000}=0.1429$$

$$Z=\frac{a-89}{8}$$로 놓으면

$$\mathrm{P}\left(Z\geq\frac{a-89}{8}\right)=0.5-\mathrm{P}\left(0\leq Z\leq\frac{a-89}{8}\right)$$
$$=0.1429$$

$$\therefore\ \mathrm{P}\left(0\leq Z\leq\frac{a-89}{8}\right)=0.3571$$

이때 $\mathrm{P}(0\leq Z\leq 1.07)=0.3571$이므로

$$\frac{a-89}{8}=1.07\qquad\therefore\ a=97.56$$

따라서 98점 이상 받아야 합격할 수 있다.

14 (i) 동전의 앞면이 나오는 횟수를 확률변수 X라고 하면 X는 이항분포 $\mathrm{B}\left(100,\ \frac{1}{2}\right)$을 따른다.

이때 $n=100$은 충분히 큰 수이므로 X는 근사적으로 정규분포 $\mathrm{N}(50,\ 5^2)$을 따른다.

$$Z_1=\frac{X-50}{5}$$으로 놓으면

$$\mathrm{P}(X\geq 60)=\mathrm{P}\left(Z_1\geq\frac{60-50}{5}\right)=\mathrm{P}(Z_1\geq 2)$$

(ii) 주사위에서 3의 배수의 눈이 나오는 횟수를 확률변수 Y라고 하면 Y는 이항분포 $\mathrm{B}\left(1800,\ \frac{1}{3}\right)$을 따른다.

이때 $n=1800$은 충분히 큰 수이므로 Y는 근사적으로 정규분포 $\mathrm{N}(600,\ 20^2)$을 따른다.

$$Z_2=\frac{Y-600}{20}$$으로 놓으면

$$\mathrm{P}(Y\geq k)=\mathrm{P}\left(Z_2\geq\frac{k-600}{20}\right)$$

(i), (ii)에 의하여 $\dfrac{k-600}{20}=2$

$$\therefore\ k=640$$

15 수험생이 받아야 할 점수를 확률변수 X라고 하면 X는 정규분포 $\mathrm{N}(280,\ 20^2)$을 따른다. 수험생이 받아야 할 최저 점수를 a점이라고 하면

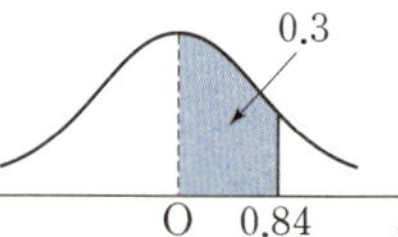

$$\mathrm{P}(X\geq a)=0.2$$

$$Z=\frac{a-280}{20}$$으로 놓으면

$$\mathrm{P}\left(Z\geq\frac{a-280}{20}\right)=0.2$$

$$\therefore\ \mathrm{P}\left(0\leq Z\leq\frac{a-280}{20}\right)=0.5-0.2=0.3$$

이때 $\mathrm{P}(0\leq Z\leq 0.84)=0.3$이므로

$$\frac{a-280}{20}=0.84\qquad\therefore\ a=296.8$$

따라서 이 수험생이 받아야 할 최저 점수는 297점이다.

16 **[1단계]**

확률변수 X가 정규분포 $\mathrm{N}(4,\ 3^2)$을 따르므로

$m=4$, $\sigma=3$

$$Z=\frac{X-4}{3}$$으로 놓으면 확률변수 Z는 표준정규분포 $\mathrm{N}(0,\ 1)$을 따르므로 k가 상수일 때

$$\mathrm{P}(Z\leq -k)=\mathrm{P}(Z\geq k)$$

또, $\mathrm{P}(Z\geq k)+\mathrm{P}(Z\leq k)=1$이므로

$$\mathrm{P}(X\leq 1)+\mathrm{P}(X\leq 7)=\mathrm{P}\left(Z\leq\frac{1-4}{3}\right)+\mathrm{P}\left(Z\leq\frac{7-4}{3}\right)$$
$$=\mathrm{P}(Z\leq -1)+\mathrm{P}(Z\leq 1)$$
$$=\mathrm{P}(Z\geq 1)+\mathrm{P}(Z\leq 1)$$
$$=1$$

$$\begin{aligned}
\mathrm{P}(X\leq 2)+\mathrm{P}(X\leq 6)&=\mathrm{P}\!\left(Z\leq\frac{2-4}{3}\right)+\mathrm{P}\!\left(Z\leq\frac{6-4}{3}\right)\\
&=\mathrm{P}\!\left(Z\leq-\frac{2}{3}\right)+\mathrm{P}\!\left(Z\leq\frac{2}{3}\right)\\
&=\mathrm{P}\!\left(Z\geq\frac{2}{3}\right)+\mathrm{P}\!\left(Z\leq\frac{2}{3}\right)\\
&=1
\end{aligned}$$

$$\begin{aligned}
\mathrm{P}(X\leq 3)+\mathrm{P}(X\leq 5)&=\mathrm{P}\!\left(Z\leq\frac{3-4}{3}\right)+\mathrm{P}\!\left(Z\leq\frac{5-4}{3}\right)\\
&=\mathrm{P}\!\left(Z\leq-\frac{1}{3}\right)+\mathrm{P}\!\left(Z\leq\frac{1}{3}\right)\\
&=\mathrm{P}\!\left(Z\geq\frac{1}{3}\right)+\mathrm{P}\!\left(Z\leq\frac{1}{3}\right)\\
&=1
\end{aligned}$$

$$\mathrm{P}(X\leq 4)=\mathrm{P}\!\left(Z\leq\frac{4-4}{3}\right)=\mathrm{P}(Z\leq 0)=\frac{1}{2}$$

[2단계]

$$\therefore \mathrm{P}(X\leq 1)+\mathrm{P}(X\leq 2)+\cdots+\mathrm{P}(X\leq 7)=3+\frac{1}{2}=\frac{7}{2}$$

이므로 $a=\dfrac{7}{2}$

$$\therefore 10a=10\times\frac{7}{2}=35$$

17 확률변수 X는 정규분포 $\mathrm{N}(m,\ \sigma^2)$을 따르므로

$Z=\dfrac{X-m}{\sigma}$으로 놓으면

$$\begin{aligned}
&\mathrm{P}(m\leq X\leq m+12)-\mathrm{P}(X\leq m-12)\\
&=\mathrm{P}\!\left(\frac{m-m}{\sigma}\leq Z\leq\frac{m+12-m}{\sigma}\right)-\mathrm{P}\!\left(Z\leq\frac{m-12-m}{\sigma}\right)\\
&=\mathrm{P}\!\left(0\leq Z\leq\frac{12}{\sigma}\right)-\mathrm{P}\!\left(Z\leq\frac{-12}{\sigma}\right)\\
&=\mathrm{P}\!\left(0\leq Z\leq\frac{12}{\sigma}\right)-\mathrm{P}\!\left(Z\geq\frac{12}{\sigma}\right)\\
&=0.3664
\end{aligned}$$

이때 $\mathrm{P}\!\left(0\leq Z\leq\dfrac{12}{\sigma}\right)+\mathrm{P}\!\left(Z\geq\dfrac{12}{\sigma}\right)=0.5$이므로

$$2\mathrm{P}\!\left(0\leq Z\leq\frac{12}{\sigma}\right)=0.8664$$

$$\therefore \mathrm{P}\!\left(0\leq Z\leq\frac{12}{\sigma}\right)=0.4332$$

따라서 $\dfrac{12}{\sigma}=1.5$이므로

$$\sigma=\frac{12}{1.5}=8$$

18 $Z_X=\dfrac{X-10}{4}$, $Z_Y=\dfrac{Y-m}{4}$으로 놓으면 확률변수 Z_X,

Z_Y는 모두 표준정규분포 $\mathrm{N}(0,\ 1)$을 따른다.

표준정규분포의 확률밀도함수를 $h(z)$라고 하면 두 확률

변수 X와 Y의 확률밀도함수가 각각 $f(x)$, $g(x)$이므로

$f(x)=h\!\left(\dfrac{x-10}{4}\right)$, $g(x)=h\!\left(\dfrac{x-m}{4}\right)$이라고 하면

$$f(12)=h\!\left(\frac{12-10}{4}\right)=h\!\left(\frac{1}{2}\right),\quad g(26)=h\!\left(\frac{26-m}{4}\right)$$

이때 함수 $h(z)$의 그래프는 직선 $z=0$에 대하여 대칭이

고, $f(12)=g(26)$이므로

$$\frac{26-m}{4}=\frac{1}{2} \ \ \text{또는}\ \ \frac{26-m}{4}=-\frac{1}{2}$$

(i) $\dfrac{26-m}{4}=\dfrac{1}{2}$, 즉 $m=24$일 때

$$\mathrm{P}(Y\geq 26)=\mathrm{P}\!\left(Z_Y\geq\frac{26-24}{4}\right)=\mathrm{P}\!\left(Z_Y\geq\frac{1}{2}\right)<0.5$$

이므로 $\mathrm{P}(Y\geq 26)\geq 0.5$를 만족시키지 않는다.

(ii) $\dfrac{26-m}{4}=-\dfrac{1}{2}$, 즉 $m=28$일 때

$$\mathrm{P}(Y\geq 26)=\mathrm{P}\!\left(Z_Y\geq\frac{26-28}{4}\right)=\mathrm{P}\!\left(Z_Y\geq-\frac{1}{2}\right)\geq 0.5$$

(i), (ii)에 의하여 $m=28$

$$\begin{aligned}
\therefore \mathrm{P}(Y\leq 20)&=\mathrm{P}\!\left(Z_Y\leq\frac{20-28}{4}\right)\\
&=\mathrm{P}(Z_Y\leq-2)\\
&=0.5-\mathrm{P}(0\leq Z_Y\leq 2)\\
&=0.5-0.4772\\
&=0.0228
\end{aligned}$$

19 **[1단계]**

확률변수 X가 정규분포 $\mathrm{N}(m,\ \sigma^2)$을 따르므로

$Z=\dfrac{X-m}{\sigma}$으로 놓으면

$$\begin{aligned}
\mathrm{P}(X\leq 3)&=\mathrm{P}\!\left(Z\leq\frac{3-m}{\sigma}\right)\\
&=0.5-\mathrm{P}\!\left(0\leq Z\leq\frac{m-3}{\sigma}\right)\\
&=0.3
\end{aligned}$$

$$\therefore \mathrm{P}\!\left(0\leq Z\leq\frac{m-3}{\sigma}\right)=0.2$$

이때 $\mathrm{P}(0\leq Z\leq 0.52)=0.2$이므로

$$\frac{m-3}{\sigma}=0.52$$

$$\therefore m=3+0.52\sigma \qquad\qquad \cdots\cdots\ \text{㉠}$$

[2단계]

$$\begin{aligned}
&\mathrm{P}(3\leq X\leq 80)\\
&=\mathrm{P}\!\left(\frac{3-m}{\sigma}\leq Z\leq\frac{80-m}{\sigma}\right)\\
&=\mathrm{P}\!\left(\frac{3-m}{\sigma}\leq Z\leq 0\right)+\mathrm{P}\!\left(0\leq Z\leq\frac{80-m}{\sigma}\right)\\
&=0.2+\mathrm{P}\!\left(0\leq Z\leq\frac{80-m}{\sigma}\right)\\
&=0.3
\end{aligned}$$

$$\therefore \mathrm{P}\!\left(0\leq Z\leq\frac{80-m}{\sigma}\right)=0.1$$

이때 $\mathrm{P}(0\leq Z\leq 0.25)=0.1$이므로

$$\frac{80-m}{\sigma}=0.25$$

$$\therefore m=80-0.25\sigma \qquad\qquad \cdots\cdots\ \text{㉡}$$

[3단계]

㉠, ㉡에서

$$3+0.52\sigma=80-0.25\sigma$$

$$0.77\sigma=77$$

따라서 $\sigma=100$이므로

$$m=3+0.52\times 100=55$$

$$\therefore m+\sigma=55+100=155$$

■ 13 모평균과 표본평균 p. 50

01 평균: 20, 표준편차: $\dfrac{1}{2}$ **02** 평균: 2, 분산: $\dfrac{1}{4}$

03 0.9772 **04** ① **05** 0.925 **06** 0.0228

01 $m=20$, $\sigma=2$, $n=16$이므로

$$\mathrm{E}(\overline{X})=m=20$$

$$\sigma(\overline{X})=\frac{\sigma}{\sqrt{n}}=\frac{2}{\sqrt{16}}=\frac{1}{2}$$

02 모집단의 확률분포를 표로 나타내면 다음과 같다.

X	1	2	3	합계
$\mathrm{P}(X=x)$	$\dfrac{1}{4}$	$\dfrac{1}{2}$	$\dfrac{1}{4}$	1

모평균은

$$m=1\times\frac{1}{4}+2\times\frac{1}{2}+3\times\frac{1}{4}=2$$

모분산은

$$\sigma^2=1^2\times\frac{1}{4}+2^2\times\frac{1}{2}+3^2\times\frac{1}{4}-2^2=\frac{1}{2}$$

따라서 표본평균 $\overline{X}$의 평균과 분산은

$$\mathrm{E}(\overline{X})=m=2,\ \mathrm{V}(\overline{X})=\frac{\sigma^2}{2}=\frac{1}{4}$$

03 $m=50$, $\sigma=10$, $n=16$이므로

$$\mathrm{E}(\overline{X})=m=50,\ \sigma(\overline{X})=\frac{\sigma}{\sqrt{n}}=\frac{10}{\sqrt{16}}=\frac{5}{2}$$

표본평균 $\overline{X}$는 정규분포 $\mathrm{N}\!\left(50,\left(\dfrac{5}{2}\right)^2\right)$을 따르므로

$$\mathrm{P}(\overline{X}\geq45)=\mathrm{P}\!\left(Z\geq\frac{45-50}{\frac{5}{2}}\right)$$
$$=\mathrm{P}(Z\geq-2)$$
$$=0.5+\mathrm{P}(0\leq Z\leq2)$$
$$=0.5+0.4772$$
$$=0.9772$$

04 $m=200$, $\sigma=10$, $n=100$이므로

$$\mathrm{E}(\overline{X})=m=200,\ \sigma(\overline{X})=\frac{\sigma}{\sqrt{n}}=\frac{10}{\sqrt{100}}=1$$

표본평균 $\overline{X}$는 정규분포 $\mathrm{N}(200,\ 1^2)$을 따르므로 구하는 확률은

$$\mathrm{P}(\overline{X}\geq202)=\mathrm{P}\!\left(Z\geq\frac{202-200}{1}\right)$$
$$=\mathrm{P}(Z\geq2)$$
$$=0.5-\mathrm{P}(0\leq Z\leq2)$$
$$=0.5-0.4772$$
$$=0.0228$$

05 $m=20$, $\sigma=4$, $n=4$이므로

$$\mathrm{E}(\overline{X})=m=20,\ \sigma(\overline{X})=\frac{\sigma}{\sqrt{n}}=\frac{4}{\sqrt{4}}=2$$

표본평균 $\overline{X}$는 정규분포 $\mathrm{N}(20,\ 2^2)$을 따르므로 구하는 확률은

$$\mathrm{P}(16.08\leq\overline{X}\leq23.28)$$
$$=\mathrm{P}\!\left(\frac{16.08-20}{2}\leq Z\leq\frac{23.28-20}{2}\right)$$
$$=\mathrm{P}(-1.96\leq Z\leq1.64)$$
$$=\mathrm{P}(0\leq Z\leq1.96)+\mathrm{P}(0\leq Z\leq1.64)$$
$$=0.475+0.450$$
$$=0.925$$

06 $m=300$, $\sigma=10$, $n=25$이므로

$$\mathrm{E}(\overline{X})=m=300,\ \sigma(\overline{X})=\frac{\sigma}{\sqrt{n}}=\frac{10}{\sqrt{25}}=2$$

표본평균을 $\overline{X}$라고 하면 $\overline{X}$는 정규 분포 $\mathrm{N}(300,\ 2^2)$을 따르므로 구하는 확률은

$$\mathrm{P}\!\left(\overline{X}\leq\frac{7400}{25}\right)=\mathrm{P}(\overline{X}\leq296)$$
$$=\mathrm{P}\!\left(Z\leq\frac{296-300}{2}\right)$$
$$=\mathrm{P}(Z\leq-2)$$
$$=0.5-\mathrm{P}(0\leq Z\leq2)$$
$$=0.5-0.4772$$
$$=0.0228$$

■ 14 모평균의 추정 p. 52

01 (1) $59.608\leq m\leq60.392$ (2) $99.484\leq m\leq100.516$

02 6.192 **03** $7.412\leq m\leq8.588$ **04** $66.82\leq m\leq68.78$

05 ⑤ **06** ⑤

01 (1) $60-1.96\times\dfrac{2}{\sqrt{100}}\leq m\leq60+1.96\times\dfrac{2}{\sqrt{100}}$

$$\therefore\ 59.608\leq m\leq60.392$$

(2) $100-2.58\times\dfrac{2}{\sqrt{100}}\leq m\leq100+2.58\times\dfrac{2}{\sqrt{100}}$

$$\therefore\ 99.484\leq m\leq100.516$$

02 $70-2.58\times\dfrac{12}{\sqrt{100}}\leq m\leq70+2.58\times\dfrac{12}{\sqrt{100}}$

$$\therefore\ 66.904\leq m\leq73.096$$

따라서 $\alpha=66.904$, $\beta=73.096$이므로

$$\beta-\alpha=6.192$$

03 $n=64$, $\overline{x}=8$, $\sigma=2.4$이므로 신뢰도 95 %의 신뢰구간은

$$8-1.96\times\frac{2.4}{\sqrt{64}}\leq m\leq8+1.96\times\frac{2.4}{\sqrt{64}}$$

$$\therefore\ 7.412\leq m\leq8.588$$

04 $n=144$, $\overline{x}=67.80$, $\sigma=6$이므로 신뢰도 95 %의 신뢰구간은

$$67.80-1.96\times\frac{6}{\sqrt{144}}\leq m\leq 67.80+1.96\times\frac{6}{\sqrt{144}}$$

$$\therefore\ 66.82\leq m\leq 68.78$$

05 $\mathrm{P}\left(|m-\overline{x}|\leq 2.58\times\frac{\sigma}{\sqrt{n}}\right)=0.99$이므로

표본의 크기가 n일 때 오차는

$$d=2.58\times\frac{\sigma}{\sqrt{n}}$$

표본의 크기가 N일 때 오차는

$$\frac{d}{2}=2.58\times\frac{\sigma}{\sqrt{N}}$$

즉, $\frac{1}{2}\times 2.58\times\frac{\sigma}{\sqrt{n}}=2.58\times\frac{\sigma}{\sqrt{N}}$이므로

$$N=4n$$

따라서 N은 n의 4배가 되어야 한다.

06 $\overline{x}-2.58\times\frac{\sigma}{\sqrt{n}}\leq m\leq\overline{x}+2.58\times\frac{\sigma}{\sqrt{n}}$에서

$$|m-\overline{x}|\leq 2.58\times\frac{\sigma}{\sqrt{n}}$$

모평균과 표본평균의 차가 6 이하이어야 하므로

$2.58\times\frac{20}{\sqrt{n}}\leq 6$에서 $\sqrt{n}\geq 8.6$

$$\therefore\ n\geq 73.96$$

따라서 자연수 n의 최솟값은 74이다.

01 ⑤	**02** ⑤	**03** ③	**04** 26	**05** ⑤
06 ②	**07** 25	**08** ①	**09** ④	**10** ③
11 25	**12** ①			

01 모표준편차가 $\sigma=14$이고, 표본의 크기가 n이므로

$$\sigma(\overline{X})=\frac{14}{\sqrt{n}}$$

즉, $\frac{14}{\sqrt{n}}=2$이므로 $\sqrt{n}=7$

$$\therefore\ n=49$$

02 첫 번째, 두 번째 시행에서 꺼낸 공에 적혀 있는 숫자를 각각 X_1, X_2라고 하면

$$\overline{X}=\frac{X_1+X_2}{2}=2$$

$$\therefore\ X_1+X_2=4$$

(ⅰ) $X_1=1$, $X_2=3$일 때, 확률은

$$\frac{1}{8}\times\frac{5}{8}=\frac{5}{64}$$

(ⅱ) $X_1=2$, $X_2=2$일 때, 확률은

$$\frac{2}{8}\times\frac{2}{8}=\frac{1}{16}$$

(ⅲ) $X_1=3$, $X_2=1$일 때, 확률은

$$\frac{5}{8}\times\frac{1}{8}=\frac{5}{64}$$

(ⅰ)~(ⅲ)에 의하여 구하는 확률은

$$\mathrm{P}(\overline{X}=2)=\frac{5}{64}+\frac{1}{16}+\frac{5}{64}=\frac{7}{32}$$

03 정규분포 $\mathrm{N}(0,\ 4^2)$을 따르는 모집단에서 크기가 9인 표본을 임의추출하여 구한 확률변수 $\overline{X}$는 정규분포 $\mathrm{N}\left(0,\ \left(\frac{4}{3}\right)^2\right)$을 따른다.

따라서 $Z_X=\dfrac{\overline{X}-0}{\frac{4}{3}}=\dfrac{3}{4}\overline{X}$로 놓으면 확률변수 Z_X는 표준정규분포 $\mathrm{N}(0,\ 1)$을 따른다.

또, 정규분포 $\mathrm{N}(3,\ 2^2)$을 따르는 모집단에서 크기가 16인 표본을 임의추출하여 구한 확률변수 $\overline{Y}$는 정규분포 $\mathrm{N}\left(3,\ \left(\frac{1}{2}\right)^2\right)$을 따른다.

따라서 $Z_Y=\dfrac{\overline{Y}-3}{\frac{1}{2}}=2(\overline{Y}-3)$으로 놓으면 확률변수 Z_Y는 표준정규분포 $\mathrm{N}(0,\ 1)$을 따른다.

$\mathrm{P}(\overline{X}\geq 1)=\mathrm{P}(\overline{Y}\leq a)$에서

$$\mathrm{P}\left(Z_X\geq\frac{3}{4}\right)=\mathrm{P}(Z_Y\leq 2(a-3))$$

이때 표준정규분포 곡선은 직선 $z=0$에 대하여 대칭이므로

$$-\frac{3}{4}=2(a-3),\ 8a=21$$

$$\therefore\ a=\frac{21}{8}$$

04 [1단계]

주머니 속에 1의 숫자가 적혀 있는 공이 1개, 3의 숫자가 적혀 있는 공이 n개가 들어 있고, 임의로 1개의 공을 꺼내어 적혀 있는 수를 확인한 후 다시 넣는 시행을 2번 반복하므로 전체의 경우의 수는 $(n+1)^2$이다.

따라서 2번의 시행에서 얻은 두 수의 평균을 $\overline{X}$라고 할 때, $\mathrm{P}(\overline{X}=1)$은 두 번의 시행 모두 1의 숫자가 적혀 있는 공을 꺼낼 확률이므로

$$\mathrm{P}(\overline{X}=1)=\frac{1}{n+1}\times\frac{1}{n+1}=\left(\frac{1}{n+1}\right)^2=\frac{1}{49}$$

$$\therefore\ n=6$$

즉, 3의 숫자가 적혀 있는 공은 모두 6개이다.

[2단계]

$\mathrm{P}(\overline{X}=2)$는 두 번의 시행 중 1의 숫자가 적혀 있는 공을 한 번, 3의 숫자가 적혀 있는 공을 한 번 꺼낼 확률이므로

$$\mathrm{P}(\overline{X}=2)=\frac{1}{7}\times\frac{6}{7}\times2=\frac{12}{49}$$

$\mathrm{P}(\overline{X}=3)$은 두 번의 시행 모두 3의 숫자가 적혀 있는 공을 꺼낼 확률이므로

$$\mathrm{P}(\overline{X}=3)=\frac{6}{7}\times\frac{6}{7}=\frac{36}{49}$$

따라서 확률변수 $\overline{X}$의 확률분포를 나타내면 다음 표와 같다.

$\overline{X}$	1	2	3	합계
$\mathrm{P}(\overline{X}=\bar{x})$	$\frac{1}{49}$	$\frac{12}{49}$	$\frac{36}{49}$	1

$$\therefore \mathrm{E}(\overline{X})=1\times\frac{1}{49}+2\times\frac{12}{49}+3\times\frac{36}{49}=\frac{19}{7}$$

따라서 $p=7$, $q=19$이므로
$p+q=26$

05 화장품 1개의 내용량을 확률변수 X라고 하면 X는 정규분포 $\mathrm{N}(201.5,\ 1.8^2)$을 따른다. 이때 임의추출한 9개의 내용량의 표본평균을 $\overline{X}$라고 하면

$$\mathrm{E}(\overline{X})=201.5,\ \sigma(\overline{X})=\frac{\sigma}{\sqrt{n}}=\frac{1.8}{\sqrt{9}}=0.6$$

즉, 표본평균 $\overline{X}$는 정규분포 $\mathrm{N}(201.5,\ 0.6^2)$을 따른다.

$Z=\dfrac{\overline{X}-201.5}{0.6}$로 놓으면 확률변수 Z는 표준정규분포 $\mathrm{N}(0,\ 1)$을 따르므로 구하는 확률은

$$\begin{aligned}
\mathrm{P}(\overline{X}\geq200)&=\mathrm{P}\left(Z\geq\frac{200-201.5}{0.6}\right)\\
&=\mathrm{P}(Z\geq-2.5)\\
&=\mathrm{P}(-2.5\leq Z\leq0)+\mathrm{P}(Z\geq0)\\
&=\mathrm{P}(0\leq Z\leq2.5)+\mathrm{P}(Z\geq0)\\
&=0.4938+0.5\\
&=0.9938
\end{aligned}$$

06 [1단계]

월 식료품 구입비를 확률변수 X라고 하면 X는 정규분포 $\mathrm{N}(45,\ 8^2)$을 따른다.
이때 임의추출한 16가구의 월 식료품 구입비의 표본평균을 $\overline{X}$라고 하면

$$\mathrm{E}(\overline{X})=45,\ \sigma(\overline{X})=\frac{\sigma}{\sqrt{n}}=\frac{8}{\sqrt{16}}=2$$

즉, 표본평균 $\overline{X}$는 정규분포 $\mathrm{N}(45,\ 2^2)$을 따른다.
[2단계]

$Z=\dfrac{\overline{X}-45}{2}$로 놓으면 확률변수 Z는 표준정규분포 $\mathrm{N}(0,\ 1)$을 따르므로 구하는 확률은

$$\begin{aligned}
\mathrm{P}(44\leq\overline{X}\leq47)&=\mathrm{P}\left(\frac{44-45}{2}\leq Z\leq\frac{47-45}{2}\right)\\
&=\mathrm{P}\left(-\frac{1}{2}\leq Z\leq1\right)\\
&=\mathrm{P}(-0.5\leq Z\leq0)+\mathrm{P}(0\leq Z\leq1)\\
&=\mathrm{P}(0\leq Z\leq0.5)+\mathrm{P}(0\leq Z\leq1)\\
&=0.1915+0.3413=0.5328
\end{aligned}$$

07 [1단계]

모집단이 정규분포 $\mathrm{N}(8,\ 1.2^2)$을 따르고 표본의 크기가 n이므로

$$\mathrm{E}(\overline{X})=m=8,\ \sigma(\overline{X})=\frac{\sigma}{\sqrt{n}}=\frac{1.2}{\sqrt{n}}$$

즉, 표본평균 $\overline{X}$는 정규분포 $\mathrm{N}\left(8,\ \left(\frac{1.2}{\sqrt{n}}\right)^2\right)$을 따르므로

$Z=\dfrac{\overline{X}-8}{\dfrac{1.2}{\sqrt{n}}}$로 놓으면 확률변수 Z는 표준정규분포

$\mathrm{N}(0,\ 1)$을 따른다.
[2단계]

$$\begin{aligned}
\mathrm{P}(7.76\leq\overline{X}\leq8.24)&=\mathrm{P}\left(\frac{7.76-8}{\dfrac{1.2}{\sqrt{n}}}\leq Z\leq\frac{8.24-8}{\dfrac{1.2}{\sqrt{n}}}\right)\\
&=\mathrm{P}\left(-\frac{\sqrt{n}}{5}\leq Z\leq\frac{\sqrt{n}}{5}\right)\\
&=2\mathrm{P}\left(0\leq Z\leq\frac{\sqrt{n}}{5}\right)
\end{aligned}$$

[3단계]

즉, $2\mathrm{P}\left(0\leq Z\leq\dfrac{\sqrt{n}}{5}\right)\geq0.6826$이므로

$$\mathrm{P}\left(0\leq Z\leq\frac{\sqrt{n}}{5}\right)\geq0.3413$$

이때 $\mathrm{P}(0\leq Z\leq1)=0.3413$이므로

$$\frac{\sqrt{n}}{5}\geq1 \quad \therefore n\geq25$$

따라서 구하는 n의 최솟값은 25이다.

08 [1단계]

$\overline{X}$는 정규분포 $\mathrm{N}(50,\ 8^2)$을 따르는 모집단에서 크기가 16인 표본을 임의추출하여 구한 표본평균이므로 확률변수 $\overline{X}$는 정규분포 $\mathrm{N}(50,\ 2^2)$을 따른다.
또, $\overline{Y}$는 정규분포 $\mathrm{N}(75,\ \sigma^2)$을 따르는 모집단에서 크기가 25인 표본을 임의추출하여 구한 표본평균이므로 확률변수 $\overline{Y}$는 정규분포 $\mathrm{N}\left(75,\ \left(\frac{\sigma}{5}\right)^2\right)$을 따른다.
[2단계]

$$\mathrm{P}(\overline{X}\leq53)=\mathrm{P}\left(Z\leq\frac{53-50}{2}\right)=\mathrm{P}(Z\leq1.5)$$

$$\mathrm{P}(\overline{Y}\leq69)=\mathrm{P}\left(Z\leq\frac{69-75}{\dfrac{\sigma}{5}}\right)=\mathrm{P}\left(Z\leq-\frac{30}{\sigma}\right)$$

이때 $\mathrm{P}(\overline{X}\leq53)+\mathrm{P}(\overline{Y}\leq69)=1$이므로

$\mathrm{P}\left(Z\leq-\dfrac{30}{\sigma}\right)$은 $\mathrm{P}(Z\geq1.5)=\mathrm{P}(Z\leq-1.5)$이어야 한다.

즉, $-\dfrac{30}{\sigma}=-1.5$이므로

$\sigma=20$
[3단계]

확률변수 $\overline{Y}$는 정규분포 $\mathrm{N}(75,\ 4^2)$을 따르므로 구하는 확률은

$$\begin{aligned}
\mathrm{P}(\overline{Y}\geq71)&=\mathrm{P}\left(Z\geq\frac{71-75}{4}\right)\\
&=\mathrm{P}(Z\geq-1)\\
&=\mathrm{P}(Z\leq0)+\mathrm{P}(0\leq Z\leq1)\\
&=0.5+0.3413\\
&=0.8413
\end{aligned}$$

09

$$\overline{x}-2.58\times\frac{40}{\sqrt{64}}\leq m\leq\overline{x}+2.58\times\frac{40}{\sqrt{64}}$$

$$\overline{x}-12.9\leq m\leq\overline{x}+12.9$$

$$\therefore c=12.9$$

10 [1단계]

모표준편차를 σ라 하고 택시의 연간 주행거리를 확률변수 X라고 하면

$$\overline{x}-1.96\times\frac{\sigma}{\sqrt{16}}\leq m\leq\overline{x}+1.96\times\frac{\sigma}{\sqrt{16}}$$

$$\overline{x}-0.49\sigma\leq m\leq\overline{x}+0.49\sigma$$

$$\therefore c=0.49\sigma$$

[2단계]

$Z=\dfrac{X-m}{\sigma}$으로 놓으면 확률변수 Z는 표준정규분포

$\mathrm{N}(0,\ 1)$을 따르므로 구하는 확률은

$$\begin{aligned}
\mathrm{P}(X\leq m+c)&=\mathrm{P}\left(Z\leq\frac{0.49\sigma}{\sigma}\right)\\
&=\mathrm{P}(Z\leq0.49)\\
&=0.5+\mathrm{P}(0\leq Z\leq0.49)\\
&=0.5+0.1879\\
&=0.6879
\end{aligned}$$

11

$$\overline{x}-1.96\times\frac{\sigma}{\sqrt{49}}\leq m\leq\overline{x}+1.96\times\frac{\sigma}{\sqrt{49}}$$

이므로

$$\overline{x}-1.96\times\frac{\sigma}{7}=1.73 \qquad\qquad \cdots\cdots\ \text{㉠}$$

$$\overline{x}+1.96\times\frac{\sigma}{7}=1.87 \qquad\qquad \cdots\cdots\ \text{㉡}$$

㉠＋㉡을 하면

$$2\overline{x}=3.6 \qquad \therefore \overline{x}=1.8$$

㉡－㉠을 하면

$$2\times1.96\times\frac{\sigma}{7}=0.14 \qquad \therefore \sigma=0.25$$

따라서 $k=\dfrac{0.25}{1.8}=\dfrac{5}{36}$이므로

$$180k=180\times\frac{5}{36}=25$$

12 정규분포 $\mathrm{N}(m,\ \sigma^2)$을 따르는 모집단에서 크기가 n인 표본을 임의추출하여 추정한 모평균의 신뢰구간의 길이는

$2k\times\dfrac{\sigma}{\sqrt{n}}$ (단, k는 상수이다.)

ㄱ. 신뢰도를 낮추면 k의 값이 작아지고, 표본의 크기를 크게 하면 $\sqrt{n}$의 값이 커지므로 $2k\times\dfrac{\sigma}{\sqrt{n}}$의 값은 작아진다. (참)

ㄴ. 신뢰도를 낮추면 k의 값이 작아지고, 표본의 크기를 작게 하면 $\sqrt{n}$의 값이 작아지므로 $2k\times\dfrac{\sigma}{\sqrt{n}}$의 값은 반드시 커진다고 할 수 없다. (거짓)

ㄷ. 신뢰도가 일정할 때, 표본의 크기가 작을수록 $\sqrt{n}$의 값이 작아지므로 $2k\times\dfrac{\sigma}{\sqrt{n}}$의 값은 커진다. (거짓)

이상에서 옳은 것은 ㄱ이다.

z	0	1	2	3	4	5	6	7	8	9
0.0	.0000	.0040	.0080	.0120	.0160	.0199	.0239	.0279	.0319	.0359
0.1	.0398	.0438	.0478	.0517	.0557	.0596	.0636	.0675	.0714	.0753
0.2	.0793	.0832	.0871	.0910	.0948	.0987	.1026	.1064	.1103	.1141
0.3	.1179	.1217	.1255	.1293	.1331	.1368	.1406	.1443	.1480	.1517
0.4	.1554	.1591	.1628	.1664	.1700	.1736	.1772	.1808	.1844	.1879
0.5	.1915	.1950	.1985	.2019	.2054	.2088	.2123	.2157	.2190	.2224
0.6	.2257	.2291	.2324	.2357	.2389	.2422	.2454	.2486	.2517	.2549
0.7	.2580	.2611	.2642	.2673	.2704	.2734	.2764	.2794	.2823	.2852
0.8	.2881	.2910	.2939	.2967	.2995	.3023	.3051	.3078	.3106	.3133
0.9	.3159	.3186	.3212	.3238	.3264	.3289	.3315	.3340	.3365	.3389
1.0	.3413	.3438	.3461	.3485	.3508	.3531	.3554	.3577	.3599	.3621
1.1	.3643	.3665	.3686	.3708	.3729	.3749	.3770	.3790	.3810	.3830
1.2	.3849	.3869	.3888	.3907	.3925	.3944	.3962	.3980	.3997	.4015
1.3	.4032	.4049	.4066	.4082	.4099	.4115	.4131	.4147	.4162	.4177
1.4	.4192	.4207	.4222	.4236	.4251	.4265	.4279	.4292	.4306	.4319
1.5	.4332	.4345	.4357	.4370	.4382	.4394	.4406	.4418	.4429	.4441
1.6	.4452	.4463	.4474	.4484	.4495	.4505	.4515	.4525	.4535	.4545
1.7	.4554	.4564	.4573	.4582	.4591	.4599	.4608	.4616	.4625	.4633
1.8	.4641	.4649	.4656	.4664	.4671	.4678	.4686	.4693	.4699	.4706
1.9	.4713	.4719	.4726	.4732	.4738	.4744	.4750	.4756	.4761	.4767
2.0	.4772	.4778	.4783	.4788	.4793	.4798	.4803	.4808	.4812	.4817
2.1	.4821	.4826	.4830	.4834	.4838	.4842	.4846	.4850	.4854	.4857
2.2	.4861	.4864	.4868	.4871	.4875	.4878	.4881	.4884	.4887	.4890
2.3	.4893	.4896	.4898	.4901	.4904	.4906	.4909	.4911	.4913	.4916
2.4	.4918	.4920	.4922	.4925	.4927	.4929	.4931	.4932	.4934	.4936
2.5	.4938	.4940	.4941	.4943	.4945	.4946	.4948	.4949	.4951	.4952
2.6	.4953	.4955	.4956	.4957	.4959	.4960	.4961	.4962	.4963	.4964
2.7	.4965	.4966	.4967	.4968	.4969	.4970	.4971	.4972	.4973	.4974
2.8	.4974	.4975	.4976	.4977	.4977	.4978	.4979	.4979	.4980	.4981
2.9	.4981	.4982	.4982	.4983	.4984	.4984	.4985	.4985	.4986	.4986
3.0	.4987	.4987	.4987	.4988	.4988	.4989	.4989	.4989	.4990	.4990
3.1	.4990	.4991	.4991	.4991	.4992	.4992	.4992	.4992	.4993	.4993
3.2	.4993	.4993	.4994	.4994	.4994	.4994	.4994	.4995	.4995	.4995
3.3	.4995	.4995	.4995	.4996	.4996	.4996	.4996	.4996	.4996	.4997
3.4	.4997	.4997	.4997	.4997	.4997	.4997	.4997	.4997	.4997	.4998

2주 단기 완성서

풍산자
라이트

풍산자 장학생 선발

지학사에서는 학생 여러분의 꿈을 응원하기 위해
2007년부터 매년 풍산자 장학생을 선발하고 있습니다.
풍산자로 공부한 학생이라면 누·구·나 도전해 보세요.

총 장학금 1,200만 원

선발 대상

풍산자 수학 시리즈로 공부한 전국의 중·고등학생 중 성적 향상 및 우수자

조금만 노력하면 누구나 지원 가능!	수학 성적이 잘 나왔다면?
성적 향상 장학생(10명)	**성적 우수 장학생(10명)**
중학 ㅣ 수학 점수가 10점 이상 향상된 학생	**중학** ㅣ 수학 점수가 90점 이상인 학생
고등 ㅣ 수학 내신 성적이 한 등급 이상 향상된 학생	**고등** ㅣ 수학 내신 성적이 2등급 이상인 학생

혜택

장학금 30만원 및 장학 증서
*장학금 및 장학 증서는 각 학교로 전달합니다.

신청자 전원 '풍산자 시리즈'
교재 중 1권 제공

모집 일정

매년 2월, 8월(총 2회)
*공식 홈페이지 및 SNS를 통해 소식을 받으실 수 있습니다.

장학 수기)

"풍산자와 기적의 상승곡선 5 ➡ 1등급!" _이○원(해송고)
"수학 A로 가는 모험의 필수 아이템!" _김○은(지도중)
"수학 66점에서 100점으로 향상하다!" _구○경(한영중)

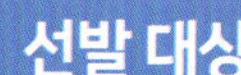

풍산자 서포터즈

풍산자 시리즈로
공부하고 싶은 학생들 모두 주목!
매년 2월과 8월에
서포터즈를 모집합니다.
리뷰 작성 및 SNS 홍보 활동을 통해
공부 실력 향상은 물론,
문화 상품권과 미션 선물을
받을 수 있어요!

자세한 내용은 풍산자 홈페이지(www.
pungsanja.com)를 통해 확인해 주세요.